汉竹编著●健康爱家系列

茶道：从喝茶到懂茶

王建荣 主编

江苏凤凰科学技术出版社
·南京·

前言

　　喝茶容易，懂茶难。对于喝茶的人来说，茶只是一种止渴解乏的饮料；而懂茶的人不仅能品出好茶的真味，还能喝出茶的境界，感悟人生的智慧。

　　从喝茶到懂茶究竟有多远？这本书让这一过程变得简单而有趣。对于新手亟待解决的各种疑难问题，如选好水、用好器、泡好茶等，书中都有详细解答。同时，也科普了茶的基础知识、历史文化、品鉴收藏、保健养生等，将茶的方方面面展示在读者面前。从爱茶的人蜕变为懂茶的人，是一个循序渐进的过程，关键在于掌握茶的真谛。

　　书中几百幅精美清晰的大图，力求完美展现名茶的干茶、茶汤、叶底，让你准确了解茶叶的具体特征，更好更快地鉴别茶叶的优劣；详尽的冲泡步骤图解说好茶的冲泡方法，一步一图，一目了然，让你轻松泡出一壶好茶；常用茶具的选购和使用方法，简单易学，精美的茶具彩图让你享受一场视觉的盛宴……

　　对茶知识积累越多，对茶的了解越深，越能品出茶的意境。跟着茶道专家，在一泡一品间，你也能快速成长为茶道高手，学会从甘洌醇厚的茶味中感悟人生的苦涩与甘甜。

茶叶鉴赏购买指南

西湖龙井

正宗产地	浙江省杭州市
干茶	扁平挺直，形如"碗钉"
茶汤	碧绿明亮
香气	香馥如兰，清高持久，沁人肺腑
滋味	鲜醇甘爽，饮后清淡而无涩感，回味留韵
叶底	细嫩、匀齐成朵，芽芽直立

碧螺春

正宗产地	江苏省苏州市
干茶	条索纤细，卷曲成螺，白毫披覆
茶汤	碧绿清澈
香气	清香淡雅
滋味	浓郁甘醇，鲜爽生津
叶底	细、匀、嫩，芽大叶小，嫩绿柔匀

黄山毛峰

正宗产地	安徽省黄山市
干茶	条索细扁，形似"雀舌"
茶汤	清澈明亮
香气	清香高长
滋味	鲜浓醇厚，回味甘甜
叶底	嫩黄柔软，肥壮成朵

白毫银针

正宗产地　福建省福鼎市、南平市政和县
干茶　　　芽头肥壮，白毫密披，挺直如针，色白如银
茶汤　　　杏黄明亮
香气　　　毫香显
滋味　　　醇厚回甘
叶底　　　嫩匀，色绿黄

君山银叶

正宗产地　湖南省岳阳市洞庭湖君山
干茶　　　芽头肥壮，紧实挺直，满披白毫，色金黄明亮
茶汤　　　橙黄明净
香气　　　清纯
滋味　　　甜爽
叶底　　　嫩黄匀亮

霍山黄芽

正宗产地　安徽省霍山县
干茶　　　形似雀舌，嫩绿披毫
茶汤　　　黄绿明亮
香气　　　清香持久
滋味　　　鲜醇，浓厚回甘
叶底　　　黄绿嫩匀

安溪铁观音

正宗产地	福建省安溪县
干茶	条索紧结，卷曲重实，呈青蒂绿腹蜻蜓头状
茶汤	明亮，金黄浓艳似琥珀
香气	馥郁持久，有花香
滋味	醇厚甘鲜，入口回甘带蜜味
叶底	肥厚明亮，具绸面光泽

大红袍

正宗产地	福建省武夷山
干茶	条索紧结
茶汤	橙黄明亮
香气	馥郁有兰花香，香高持久
滋味	醇厚回甘
叶底	红绿相间，有典型的"绿叶红镶边"

祁门红茶

正宗产地	安徽省祁门县
干茶	条索紧细秀长，金黄芽毫显露，锋苗秀丽
茶汤	红艳明亮
香气	清香持久，有甜花香，似苹果与兰花香味
滋味	醇厚
叶底	嫩软红亮

普洱生茶

正宗产地	云南省
干茶	优质茶条索里有白毫
茶汤	明亮，浅黄绿
香气	有浓重的绿茶香气
滋味	有生涩味，刺激感，回甘好
叶底	肥厚黄绿，饱满柔软

普洱熟茶

正宗产地	云南省
干茶	条索细紧，匀称
茶汤	红浓明亮
香气	独特陈香
滋味	醇厚回甘，顺滑
叶底	红褐，不柔韧

茉莉花茶

正宗产地	福建省福州市、江苏省苏州市
干茶	条索紧细匀整
茶汤	黄绿明亮
香气	内质香气芬芳、鲜灵
滋味	醇厚鲜爽，含芳味
叶底	黄绿柔软

目录

叁 绿茶的购买与冲泡

肆 白茶的购买与冲泡

伍 黄茶的购买与冲泡

陆 乌龙茶的购买与冲泡

柒 红茶的购买与冲泡

捌 黑茶的购买与冲泡

玖 普洱茶的购买与冲泡

拾贰 寻好水

拾叁 泡茶与茶艺

拾肆 储茶

拾伍 茶史

拾陆 茶人、茶事、茶俗

拾柒 茶与健康

附录
懂点评茶术语

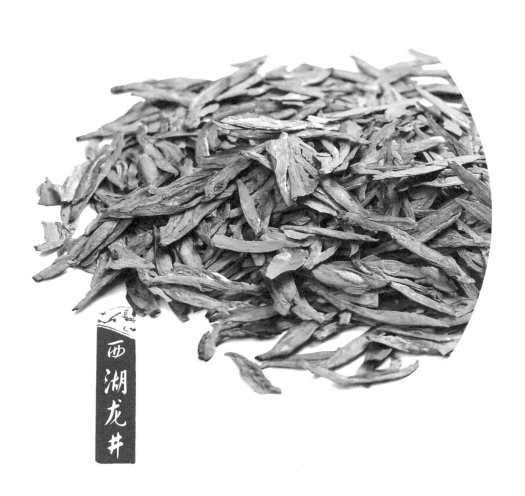

西湖龙井

壹

买茶前必知的概念

中国是茶的故乡，这里孕育了最古老的茶树，也造就了茶叶品种的繁多。『人生活到老，香茗知多少』，认识一叶茶，从最初开始。

⑥ 茶的命名方法有哪些?

茶的命名，除以形状、色香味和茶树品种等为依据，还有以生产地区、采摘时期和技术措施以及销路等不同而得名。

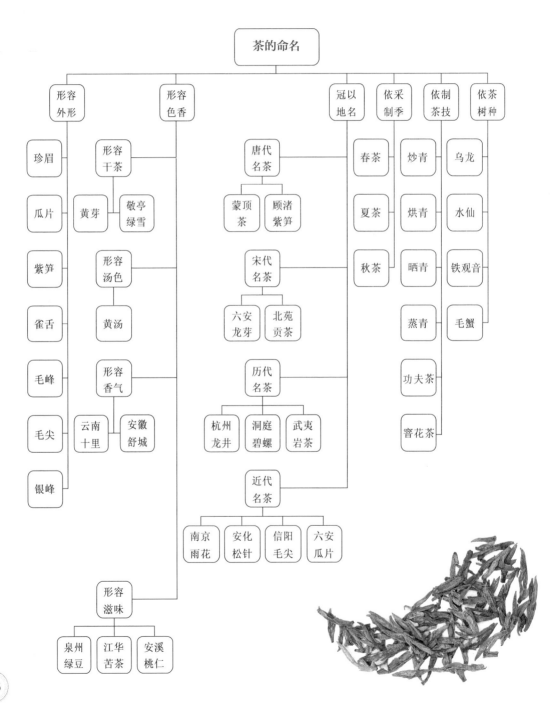

茶的命名

- 形容外形
  - 珍眉
  - 瓜片
  - 紫笋
  - 雀舌
  - 毛峰
  - 毛尖
  - 银峰
- 形容色香
  - 形容干茶
    - 黄芽
    - 敬亭绿雪
  - 形容汤色
    - 黄汤
  - 形容香气
    - 云南十里
    - 安徽舒城
  - 形容滋味
    - 泉州绿豆
    - 江华苦茶
    - 安溪桃仁
- 冠以地名
  - 唐代名茶
    - 蒙顶茶
    - 顾渚紫笋
  - 宋代名茶
    - 六安龙芽
    - 北苑贡茶
  - 历代名茶
    - 杭州龙井
    - 洞庭碧螺
    - 武夷岩茶
  - 近代名茶
    - 南京雨花
    - 安化松针
    - 信阳毛尖
    - 六安瓜片
- 依采制季
  - 春茶
  - 夏茶
  - 秋茶
- 依制茶技
  - 炒青
  - 烘青
  - 晒青
  - 蒸青
  - 功夫茶
  - 窨花茶
- 依茶树种
  - 乌龙
  - 水仙
  - 铁观音
  - 毛蟹

6 市面上常见的七大茶类指什么?

所谓七大茶类,就是人们常说的绿茶、红茶、乌龙茶(青茶)、白茶、黄茶、黑茶和花茶。前六种属于基本茶类,而花茶属于再加工茶类。

基本茶类	绿茶	炒青绿茶	眉茶	如炒青、特珍、凤眉、秀眉、贡熙等
			珠茶	如珠茶、雨茶、秀眉等
			细嫩炒青	如龙井、大方、碧螺春、雨花茶、松针等
		烘青绿茶	普通烘青	如闽烘青、浙烘青、徽烘青、苏烘青等
			细嫩烘青	如黄山毛峰、太平猴魁、华顶云雾、高桥银峰等
		晒青绿茶	如滇青、川青、陕青等	
		蒸青绿茶	如煎茶、玉露等	
	红茶	小种红茶	如正山小种、烟小种等	
		功夫红茶	如滇红、祁红、川红、闽红等	
		红碎茶	如叶茶、碎茶、片茶、末茶等	
	乌龙茶	闽北乌龙	如武夷岩茶、水仙、大红袍、肉桂等	
		闽南乌龙	如铁观音、本山、毛蟹、黄金桂等	
		广东乌龙	如凤凰单丛、凤凰水仙、岭头单丛等	
		台湾乌龙	如冻顶乌龙、包种、乌龙等	
	白茶	白芽茶	如白毫银针等	
		白叶茶	如白牡丹、贡眉等	
	黄茶	黄芽茶	如君山银针、蒙顶黄芽等	
		黄小茶	如北港毛尖、沩山毛尖、温州黄汤等	
		黄大茶	如霍山黄大茶、广东大叶青等	
	黑茶	湖南黑茶	如安化黑茶等	
		湖北老青茶	如蒲圻老青茶等	
		四川边茶	如南路边茶、西路边茶等	
		滇桂黑茶	如普洱茶、六堡茶等	
再加工茶类	花茶	如茉莉花茶、珠兰花茶、玫瑰花茶、桂花茶等		

🌀 我国十大名茶是哪些?

我国十大名茶分别是西湖龙井、洞庭碧螺春、黄山毛峰、庐山云雾、六安瓜片、君山银针、信阳毛尖、武夷岩茶、安溪铁观音、祁门红茶。

西湖龙井

外形:扁平挺直,形如"碗钉",色泽绿中显黄。**汤色**:碧绿明亮。**香气**:香馥如兰,清高持久,沁人肺腑。**滋味**:鲜醇甘爽,饮后清淡而无涩感,回味留韵。**叶底**:细嫩、匀齐成朵,芽芽直立。

碧螺春

外形:条索纤细匀整,卷曲如螺,满披白毫,色泽碧绿。**汤色**:碧绿清澈。**香气**:清香淡雅,有花果香。**滋味**:浓郁甘醇,鲜爽生津,回味绵长。**叶底**:细、匀、嫩,芽大叶小,嫩绿柔匀。

黄山毛峰

外形:条索细扁,形似"雀舌",带有金黄色鱼叶;芽肥壮、匀齐、多毫,色似象牙。**汤色**:清澈明亮。**香气**:清香高长。**滋味**:鲜浓醇厚,回味甘甜。**叶底**:嫩黄柔软,肥壮成朵。

庐山云雾

外形:芽壮叶肥,条索秀丽,白毫显露,色泽翠绿。**汤色**:明亮。**香气**:香味爽而持久。**滋味**:深厚,鲜爽甘醇。**叶底**:嫩绿明亮,宛若碧玉盛于碗中。

六安瓜片

外形:单片不带梗芽,色泽宝绿,起润有霜。**汤色**:杏黄明净,清澈明亮。**香气**:雾气蒸腾,清香四溢。**滋味**:鲜醇回甘。**叶底**:嫩黄,整齐成朵,耐冲泡。

君山银针

外形：芽头肥壮，紧实挺直、匀齐，满披白毫，色泽金黄光亮。**汤色**：橙黄明净。**香气**：清纯。**滋味**：甜爽，甘甜醇和。**叶底**：嫩黄匀亮。

信阳毛尖

外形：细、圆、紧、直，色泽翠绿，白毫显露。**汤色**：嫩绿明亮。**香气**：鲜浓持久，有熟板栗香。**滋味**：鲜浓、爽口、回甘生津，多次冲泡后滋味仍然浓郁不减。**叶底**：嫩绿，细嫩匀整。

武夷岩茶

外形：条索肥壮、紧结，带扭曲条形。**汤色**：茶汤清澈，呈蜜黄色。**香气**：有浓郁的鲜花香。**滋味**：甘馨可口，回味无穷。**叶底**：软亮，叶缘微红。

"武夷岩茶"是产于闽北武夷山市武夷山岩上乌龙茶类的总称，其主要品种有大红袍、白鸡冠、武夷水仙、武夷肉桂等。

安溪铁观音

外形：条索紧结卷曲重实，呈青蒂绿腹蜻蜓头状，色泽砂绿，叶表带白霜。**汤色**：金黄明亮，浓艳似琥珀。**香气**：馥郁持久，音韵明显，带有兰花香或者生花生仁味、椰香等清香味。**滋味**：醇厚甘鲜，入口回甘带蜜味。**叶底**：肥厚软亮，叶面呈波状，具绸面光泽，称"绸缎面"。

祁门红茶

外形：外形条索紧细秀长，金黄芽毫显露，锋苗秀丽，色泽乌润。**汤色**：红艳明亮。**香气**：清香持久，有甜花香，似苹果与兰花香味。**滋味**：滋味醇厚，回味隽永。**叶底**：嫩软红亮。

6 我国的四大茶区是哪里？

自古至今，我国茶叶产区都有不同划分，根据现代茶区划分，可分为四大茶区，即江南茶区、江北茶区、西南茶区和华南茶区。

<table>
<tr><td rowspan="3">江南茶区</td><td colspan="2">地理位置：位于长江中、下游南部</td></tr>
<tr><td>包含省份及地区：浙江、湖南、江西等省和皖南、苏南、鄂南等地</td><td rowspan="2">江南茶区为我国茶叶的主要产区，年产量大约占全国总产量的2/3</td></tr>
<tr><td>产茶种类：主要是绿茶、红茶、黑茶、花茶以及品质各异的特种名茶，诸如西湖龙井、黄山毛峰、洞庭碧螺春、君山银针、庐山云雾等</td></tr>
<tr><td rowspan="3">江北茶区</td><td colspan="2">地理位置：位于长江中、下游北部</td></tr>
<tr><td>包含省份及地区：河南、陕西、甘肃、山东等省和皖北、苏北、鄂北等地</td><td rowspan="2">江北茶区降水量少，分布不均，常使茶树受旱</td></tr>
<tr><td>产茶种类：主要是绿茶</td></tr>
<tr><td rowspan="3">西南茶区</td><td colspan="2">地理位置：位于我国西南部</td></tr>
<tr><td>包含省份及地区：包括云南、贵州、四川三省以及西藏自治区东南部</td><td rowspan="2">西南茶区是我国最古老的茶区</td></tr>
<tr><td>产茶种类：主要是红茶、绿茶、沱茶、紧压茶（砖茶）和普洱茶等</td></tr>
<tr><td rowspan="3">华南茶区</td><td colspan="2">地理位置：位于我国南部</td></tr>
<tr><td>包含省份及地区：广东、广西、福建、中国台湾、海南</td><td rowspan="2">华南茶区是我国最适宜茶树生长的地区</td></tr>
<tr><td>产茶种类：主要是红茶、乌龙茶、花茶、白茶和六堡茶等</td></tr>
</table>

什么是乔木茶？

乔木茶是指树干高大的茶树所产的茶叶。乔木茶的茶树能长到几米到几十米，采茶人可以直接站在它的树干上采茶。

乔木茶的茶树多分布在云南省的一些茶区，其中很多是野生老茶树，树干粗壮，多人拉手才能环抱住。另有半乔木型茶树，其介于乔木与灌木之间。如云南的大叶种茶就是半乔木型茶，福鼎大白茶也属于半乔木型茶。

什么是灌木茶？

灌木茶是相对于乔木茶而言的。灌木茶的茶树比较矮小，分枝稠密，没有明显的主干。灌木茶适合人工大面积种植，是我国栽培最广的茶树类型之一。江南茶区是我国灌木茶的主产区。

什么是古树茶？

古树茶通常是指从存活百年以上的乔木型茶树上采摘的茶。这种茶树仅分布在云南省的少数几个茶区。真正的古树茶每年的产量都十分有限，因此价格比较昂贵。相较于其他茶，古树茶的特点是更加耐泡、口感更醇厚。

什么是高山茶？

高山茶通常是指产自海拔800米以上的山区的茶叶。

高海拔地区的阳光充足，昼夜温差大，有利于茶叶进行光合作用。正是由于这种独特的地理环境和气候条件，造就了高山茶芽叶肥壮，节间长，颜色绿，茸毛多的特点。

什么是平地茶？

平地茶是指产自平地或低海拔地区的茶叶。平地茶是相对于高山茶而言的。平地茶芽叶较小，叶底坚薄，叶张平展，叶色黄绿欠光润。成品平地茶的特点是条索较细瘦，身骨较轻，香气稍低，滋味和淡。

什么是台地茶?

台地茶是指产自现代茶园的茶叶。因为密植和过多的人工增产干预,台地茶的滋味淡薄,品质上较老树茶稍逊。

春茶、夏茶和秋茶指什么?

春茶、夏茶、秋茶是根据采摘时期和季节命名的。通常把3~4月采制的茶叶称为"春茶",5~7月采制的茶叶称为"夏茶",8~10月采制的茶叶称为"秋茶"。

不同季节的茶叶有何不同?

茶叶按采摘季节一般分为春茶、夏茶和秋茶。

春季生长的鲜叶,叶多呈浓绿色,肥大而柔软。其品质特点有三:一是滋味浓;二是香气高;三是农残少。

夏茶的品质不如春茶,特别是绿茶尤为明显。因为夏季气温高,芽叶生长快,鲜叶内部有效成分的含量相对较低,香气比春茶低,滋味比春茶淡。再则夏季日照强烈,多酚类含量较高,形成苦涩味。第三,夏茶的纤维含量高,叶肉薄,叶质粗而硬。夏季红茶则因多酚类含量高,有利于发酵,品质甚佳。

秋茶品质介于春夏季之间。因生长期比春茶短,鲜叶内有效成分的积累相对要少,所以,香气、滋味较逊色。叶肉与叶质和夏茶相似,条索也显粗松。如遇高温少雨,茶树水分平衡失调,往往出现芽头短小。

什么是"三前摘翠"?

"三前摘翠"是指春分前、清明前、谷雨前采摘的茶叶。这三个时间段采摘的茶芽是最嫩的,茶叶的品质最佳,因此叫做"三前摘翠"。

"明前茶""雨前茶"分别指什么?

"明前茶"是对江南茶区清明节前采摘、制作的春茶的称呼。"雨前茶"是指江南茶区清明后、谷雨前采制的茶叶。"明前茶"主要是针对绿茶及少量的红茶而言,而对于铁观音、大红袍、普洱等茶叶不存在"明前茶""雨前茶"的说法。

有绿色食品标志的茶就是有机茶吗？

绿色食品和有机食品都是必须经过国家相关检测机构认证的食品，但是有机食品的认证要比绿色食品的认证严格得多。从本质上来说，绿色食品是普通食品向有机食品发展过程中的一种过渡产品，所以带有绿色食品标志的茶不等同于有机茶。

"一芽几叶"指什么？

鲜叶按规格可分为单芽、一芽一叶、一芽二叶、一芽三叶、一芽四叶等。

一芽一叶，形似"雀嘴"。

一芽二叶，依叶子展开的程度不同，分为：开面叶（嫩梢生长成熟，出现驻芽的鲜叶），小开面（第一叶为第二叶面积的一半），中开面（第一叶为第二叶面积的三分之二），大开面（第一叶长到与第二叶面积相当）。

一芽三叶，目前市场上常见的中等质量的茶叶。

一芽四叶，粗茶的采摘。

一芽一叶

一芽二叶

一芽三叶

一芽四叶

茶叶采摘部位示意图

碧螺春

贰

专家买茶经

人人都想买好茶，到底何为好茶？所谓『茶有千味，适口者珍』，所有的专家意见，都只是一种参考，要知道，真正适合自己的茶，才是好茶。

⑥ 购买茶叶的第一标准是什么？

茶叶品质的优劣最终要靠嘴巴来检验，所以要买合自己口味的茶。可以说，好喝是购买茶叶的前提和第一标准。

买茶前必喝茶样，好喝的茶就是好茶。

首先我们要确定购买的茶叶的类别，然后从色、香、味、形四个方面来判断茶叶品质的优劣，选择适合自己的茶叶。但是很多人不具备审评茶叶的专业知识，一般而言，好喝的茶通常滋味爽口、不苦涩，且香气持久。有了这样简单的买茶标准，挑选茶叶就没那么难了。

⑥ 越贵的茶叶越好吗？

茶叶品质的好坏与价格没有必然的联系。一般情况下，对于同一种茶叶，价格越贵的，品质和等级自然越高。每年茶叶价格总体受市场供求关系的影响，此外人为的商业炒作、成本等因素也会影响到茶叶的价格。所以，我们不能完全依据茶叶价格的高低来评判茶叶品质的优劣。

⑥ 新茶一定比陈茶好吗？

新茶与陈茶是相对的。通常我们把当年采摘的茶叶称为新茶，把不是当年采摘的茶叶称为陈茶。

多数情况下，新茶的品质要比陈茶好，尤其是绿茶；但对于某些茶，陈茶的品质反而比新茶好，如普洱茶、武夷岩茶等，陈茶的香气更馥郁、滋味更醇厚。所以我们不能单一根据新茶、陈茶这两个名词，就直接判定茶叶的好坏。新茶与陈茶的比较，具体要看是针对哪一种茶。

红浓透亮的茶汤，是普洱茶久经岁月的表现。

⑥ 如何鉴别新茶和陈茶?

对于新茶和陈茶,我们可以从色泽、茶汤、香气、滋味、叶底五个方面来区分。

	干茶色泽	茶汤	香气	滋味	叶底
新茶	鲜绿、有光泽	汤色碧绿	有浓厚茶香,如清香、兰花香、熟板栗香味等	甘醇爽口	鲜绿明亮
陈茶	色黄,暗晦、无光泽	汤色深黄	香气低沉	味虽醇厚但不爽口	陈黄欠明亮

⑥ 春茶一定比秋茶、夏茶好吗?

一般来说,春茶滋味鲜醇爽口、香气醇厚;夏茶滋味较为苦涩,香气不如春茶浓烈;秋茶介于春茶和夏茶之间,滋味和香气比较平和。

对于绿茶而言,春茶的品质往往是一年中最好的。喝春茶最佳为绿茶,味美香浓,营养丰富,保健作用佳。喝夏茶以红茶为上,夏红茶色泽红润,味浓厚。因此春茶、夏茶、秋茶的品质各有千秋,很难分出优劣。

祁门红茶夏茶的茶汤更加红艳明亮,似乎要释放出所有夏季的火热。

⑥ 如何鉴别春茶、夏茶和秋茶?

	外形	茶汤	香气	滋味	叶底
春茶	芽叶硕壮饱满,条索紧结、厚重	墨绿、润泽	浓	味浓、甘醇爽口	柔软明亮,厚实,芽叶多,叶片脉络细密
夏茶	条索较粗松	色杂	淡	味涩	叶芽木质分明,质硬,叶脉显露,夹杂铜绿色芽叶
秋茶	条索紧细、丝筋多、轻薄	色淡	平和	味平和、微甜	质柔软,夹杂铜绿色芽叶,叶张大小不一,对夹叶多,叶边缘锯齿明显

✿ 如何识别以次充好的茶叶？

劣等茶常表现为：绿茶有红梗红叶，红茶叶面上有部分绿色，茶叶颜色不自然，有烟气味、焦气味、霉味或其他异味，含有杂物，茶汤混浊不清等。此外以次充好的茶叶，冲泡以后，往往茶汤滋味比较苦涩。

颜色不自然的劣等绿茶

优质的西湖龙井

✿ 如何识别着色茶？

着色茶的颜色是人工添加上去的，通常不均匀、不自然。

识别着色茶的一个简单方法如下：取一张干净的白纸，让茶叶在白纸上轻轻摩擦，看白纸是否立刻被染上颜色。如果白纸立刻被染上颜色，就可以判断茶叶是着色茶。另外还可以通过观察茶汤来鉴别。茶叶冲泡以后，如果汤色比较浑浊，底部有颜料沉淀，就说明是着色茶。

✿ 一定要选择原产地的茶吗？

茶叶的品质和特性在很大程度上与当地的地理、气候、品种等因素相关，非原产地茶叶的品质、口感、滋味等各个方面都会差一些。因此原产地茶的品质更有保障。

购买原产地的茶叶可以避免买到冒牌的劣等茶。我国的许多茶叶都申请了原产地保护，如西湖龙井、碧螺春、安溪铁观音、祁门红茶等。在购买茶叶的时候，一定要留意外包装上的QS标志和地理标志。

旅途中能买当地茶吗？

旅途中购买当地茶的两点建议：

一、导游推荐的茶叶尽量不要购买。这些茶叶大多品质不好，并且价格虚高。如果是现场炒制的茶叶，包装的密封性都不太好，茶叶保存不了多久就会变质。

二、千万不可因贪图便宜，而购买来路不明的茶叶。例如，路边摊上的茶叶和挑担茶，这些茶叶的品质没有保障，如果茶叶是被污染了的，凭肉眼是根本看不出来的。包装完好的，并且带有QS标志的茶叶，品质才有保障。

认准 QS 标志

新手为什么不要到茶城买茶？

新手鉴别茶叶品质的能力不强。如果去茶城买茶，茶店老板通常会先拿最便宜的、最不好喝的茶给你喝。先试探你，看你会不会喝。如果他看出你不会喝、不懂茶，就会把低档茶叶说成高档茶叶，然后以高价卖给你。如果他看出来你会喝茶，知道你是懂茶的人，才会把好茶叶拿出来，价格也好商量。因此，不建议新手到茶城买茶。

超市的茶能买吗？

超市里的茶，只要包装完好并且带有QS标志，都可以放心购买。购买的时候，还要看一下茶叶的生产日期和保质期，防止买到过期茶叶。通常超市销售的都是中低档茶叶，如果想要购买高档茶叶，就不要在超市购买了。

超市货架上的茶叶，一般包装、质量有保障，价格也亲民，但品质一般。

❻ 为什么尽量在一家茶店买茶？

如果总去一家茶店买茶，那么你对于茶叶价格的波动就会比较了解。另外，经常去同一家茶店买茶，成了熟客以后，一旦茶店进了新的好茶，茶店老板会及时通知你。这样你就能买到价格合理的新茶、好茶。

❻ 如何避开"三无"茶叶？

"三无"茶叶可能是过期的或有毒的茶叶，潜藏巨大安全隐患。

购买茶叶时，一定要注意茶叶外包装上有无生产日期，有无质量检验合格证明，有无生产厂厂名和厂址。另外，通过正规的销售渠道购买茶叶，不买散茶或来路不明的茶叶，才能最大限度地避免买到"三无"茶叶。

❻ 网上买茶可靠吗？

网上的茶叶是可以买的，但是要会买。网络上卖茶叶的店很多，尽量多看几家店，弄清楚要购买的茶叶的大概价格。低于这个价格的茶叶，要么品质不佳，要么来路不明，应谨慎购买。

❻ 产茶区的茶是不是最宜买？

产茶区茶叶的质量有保障。对于经常喝茶的人，购买产茶区的茶也是不错的选择。买茶的次数多了，有的时候打个电话，人家就会把茶叶给你寄过来，不用自己特意跑过去，很方便。

买茶需不需要买名牌茶？

品牌茶质量可靠但价格偏高，相比较，散茶的价格更亲民，但质量良莠不齐。对于新手来讲，在对茶的品质把握上有难度，因此，还是购买品牌茶茶叶的品质比较有保证。

如果有购买能力，还可以选择名牌茶。懂茶的人和经常喝茶的人，往往追求高品质的茶叶，所以他们更倾向于购买名牌茶。

买茶要注意哪些认证？

茶叶属于一种特殊的食品，外包装上必须有QS标志，很多品牌茶叶都有地理标志保护。购买品牌茶叶的时候，还要注意外包装上是否有地理标志。

此外经过国家相关食品认证机构认证的茶叶，外包装上还可能有绿色食品标志和有机食品(茶)标志。

QS 标志

绿色食品标志

有机茶标志

在茶叶刚上市的时候买最好吗？

刚上市的茶叶，尤其是名牌茶叶，往往价格十分昂贵且起伏不定。普通消费者大多消费不起，可以等茶叶上市一段时间之后，待价格趋于稳定的时候再购买。对于想要品尝新茶的消费者，尽量在茶叶刚上市的时候购买。茶叶上市一段时间之后，市场上的茶叶鱼龙混杂，新茶陈茶就很难分辨了。

买茶需要货比三家吗?

对于大多数消费者来说,鉴定茶叶的品质有一定难度。因此购买茶叶时,要尽量货比三家。有更多的选择,一定程度上能够避免买到劣等茶。

为什么不要过分迷信明前茶?

明前茶属于春茶,通常来说,春茶的品质最好。但明前茶主要是针对我国江南茶区的绿茶而言,对于铁观音、大红袍、普洱等不存在"明前茶"的说法。一般来说,明前绿茶的品质是最好的。由于有很多人迷信明前茶,所以一些不法茶商常常"挂羊头卖狗肉",以低档茶叶冒充明前茶来售卖。一味追求明前茶,很有可能会买到假冒的明前茶。

梅家坞龙井　　梅家坞明前龙井

明前的龙井茶,茶色更绿,茶汤色更淡,嫩绿喜人,叶底更均匀成朵。

弄不准的茶叶如何鉴别?

要鉴别弄不准的茶叶,我们首先要了解各种类型茶的大致特点。

绿茶是不发酵茶,滋味鲜爽,香气清扬,耐泡度低。红茶是全发酵茶,口感温润醇厚,有明显的花果香、蜜香或独特的桂圆香、松香。乌龙茶属半发酵茶,滋味醇厚,香气馥郁,耐泡度好。白茶滋味鲜爽、醇厚、清甜,香气纯正。黑茶滋味醇厚回甘,有独特的陈香。黄茶滋味甜爽,香气清纯。

掌握了这样一些基本的鉴别知识,再来鉴别弄不准的茶叶就很轻松了。

弄不准的茶叶,泡一壶,看看茶汤、闻闻香气、尝尝滋味,也能推断个大概。

🍃 什么是选茶"三要"？

选茶的"三要"分别是指：

一、看。即看干茶的外观形状、茶汤的色泽和叶底。看干茶的色泽、质地、均匀度、紧结度、有无显毫等，看茶汤是否清澈明亮，看叶底是否细嫩、匀齐、完整，有无花杂、焦斑、红筋、红梗等现象。

二、闻。闻干茶的香型，看有无异味。冲泡后趁热闻茶的香味。茶香有甜香、火香、清香、花香、栗香、果香等不同的香型。等茶汤温度降低后，再闻茶盖或杯底留香。

三、品。即品茶汤的滋味。品茶味是浓烈、鲜爽、甜爽、醇厚、醇和还是苦涩、淡薄或生涩。

看茶色

闻香气

品茶汤

🍃 都说买茶先要看，到底该看什么？

选购茶叶的时候，主要看的是茶叶的外形。

看茶叶干燥是否良好。看茶叶叶片的形状和色泽。形状、色泽整齐均匀的茶叶较好。如果茶叶中茶梗、茶角、茶末含量比例高，大多会影响茶汤的品质，以少为佳。

🍃 购买前一定要喝茶样吗？

茶叶的好坏最后要通过品尝来鉴定。茶店通常都有免费供顾客冲泡的茶样。所以在购买茶叶前，我们一定要品尝一下茶样的滋味、口感。

品尝时，可以先含少量茶汤，用舌头细细品味，辨别出是甘醇还是甜香，是醇厚还是平和，是鲜爽还是苦涩。品尝茶汤的滋味时，要充分运用舌的感觉器官，尤其是利用舌中和舌根来感受茶的滋味。

⑥ 怎样的茶汤是好茶汤?

不同的茶类有不同的颜色和滋味特点,但好的茶汤都是明亮透底的。例如,上好的绿茶的茶汤应该是浅绿色或黄绿色,清澈明亮,滋味鲜爽,回味浓醇,口舌生津;上品红茶的茶汤应该是红艳明亮的,滋味浓厚、强烈、鲜爽;好的乌龙茶的茶汤应是青褐光润的,滋味醇厚、香气浓烈。

⑥ 闻香识茶有哪些方式?

闻香共有三种方式:一是干闻,二是热闻,三是冷闻。

干闻是指细闻干茶的香味,辨别有无陈味、霉味或吸附了其他的异味。

热闻是指开泡后趁热闻茶的香味。质量好的茶叶香味纯正,沁人心脾。如果茶叶香味淡薄或根本没有香味甚至有异味,就不是好茶了。

冷闻

冷闻是指用热水冲泡茶叶,待温度降低后再闻茶盖或杯底留香,这时可闻到在高温时,因茶叶芳香物大量挥发而掩盖了的其他气味。

⑥ 如何判断茶叶是否干燥?

要看茶叶是否干燥,可以用手指轻捏。会碎的表示茶叶干燥程度良好,如用力捏也不易碎,则说明茶叶已受潮回软,茶叶品质会受到影响。

轻捏即碎的茶叶就是干燥的。

⑥ 没有买茶经验的人如何简单选茶?

没有买茶经验的人,在选购茶叶时可以试试一种简单易行的方法——一泡法。方法如下:

取适量茶叶,用热水冲泡,5~10分钟后尝尝茶汤是否符合自己的口味。

取一支汤匙,看汤色。如果浑浊,就是炒青不足;如果淡薄,则是茶叶嫩采和发酵不足。若叶片焦黄碎裂,则是炒得过火了。好的茶汤,汤色明亮浓稠。

一泡法

尝　　　　看　　　　闻

闻茶汤,好茶即使茶汤冷却,香气依然存在。冲泡时,少投叶、多冲水、长浸泡,这样茶叶的优缺点就会充分呈现。

如果冲泡以后的茶汤,香气高昂饱满,滋味醇厚,不苦涩、回甘好,并且价格合适的话,那么你还犹豫什么,赶快下手吧!

⑥ 买茶的终极要求是什么?

买茶的终极要求表现在两个方面:

一是要合自己的口味。茶叶的好坏不是由个人的评价来决定的,但是适合自己的茶,才是自己需要的。口味比较淡的人买了西湖龙井茶来喝,自然不会习惯它的鲜爽、醇厚。

二是要适合自己的身体体质。选择适合自己身体体质的茶很重要。绿茶性偏寒,比较适合体质偏热、胃火旺的人。乌龙茶性平和,肚子胀、消化不良的人可以多喝。红茶性温,适合体寒和身体较虚的人。

茶味清幽的西湖龙井更适合安静的人细细品味。

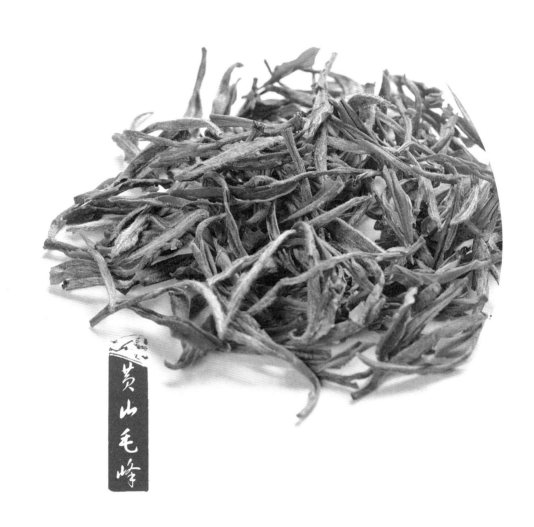

黄山毛峰

叁

绿茶的购买与冲泡

「欲把西湖比西子，从来佳茗似佳人」，一句茶联，似乎让人看到一位茶仙子，轻轻拨开薄雾，婀娜行来。

而绿茶便是这『佳人』中的翘楚。其叶绿，绿得纯净；其汤碧，碧得通透；其香淡雅，齿颊留香。令人一见倾心。

⑥ 鉴别好绿茶的三要素是什么?

对于好绿茶品质的鉴别，通常可以从干茶、茶汤、叶底三个方面来考虑。其中茶汤和叶底都要通过冲泡茶叶来体现。如图是优质绿茶和劣质绿茶的对比:

优质绿茶

劣质绿茶

干茶	茶汤	叶底
整齐，鲜亮的绿色，有光泽，闻有浓厚茶香	色泽碧绿，有清香、兰花香或熟板栗香，滋味甘醇爽口	鲜绿、明亮

干茶	茶汤	叶底
色黄晦暗，无光泽，香气低沉	色泽深黄，滋味醇厚但不爽口	陈黄欠明亮

⑥ 在家冲泡绿茶适合用什么杯子?

在家冲泡绿茶，宜选用无色的直筒形、厚底耐高温的玻璃杯或盖碗。

用玻璃杯冲泡绿茶的好处是，可以清楚地看到茶叶的形状和汤色，享受茶叶在水中上下翻滚飞舞带来的视觉冲击。由于玻璃杯的材质稳定，用开水冲泡不会释放有害物质，也不会影响茶叶的口感。

用盖碗冲泡西湖龙井等高档绿茶时，冲水后杯盖不能立即平放密封，应该露边斜放，以免闷黄茶叶。

露边斜放的杯盖，能让绿茶的茶叶嫩绿依旧。

⑥ 冲泡绿茶适宜的水温是多少？

高级绿茶，特别是芽叶细嫩的名茶，不能用沸水冲泡，一般以80℃左右为宜，不应高于85℃。

中低档绿茶则要用100℃的沸水冲泡。如果水温低，茶叶中有效成分浸出少，泡出的茶汤滋味淡薄。

茶叶越嫩、越绿，适宜的冲泡水温越低，这样泡出的茶汤嫩绿明亮，滋味鲜爽，香气纯正，叶底明亮。

80℃水泡出的绿茶汤最是嫩绿明亮。

⑥ 绿茶一般可以泡几次？

通常绿茶以冲泡2~3次为好，这样有利于其营养成分茶多酚、咖啡因、氨基酸、维生素等的充分释放。一般来说，第一次冲泡时，茶叶中的营养成分总量的80%左右浸出；第二次冲泡时，总量的95%浸出；第三次的时候，浸出的营养成分就很少了。此外，随着冲泡的次数增加，茶汤的香气和滋味也越来越淡，所以一般绿茶冲泡3次，就不再品饮了。

⑥ 为什么普通绿茶更适合用小壶分杯冲泡？

肚大形小的瓷壶最适合冲泡普通绿茶。

因为普通绿茶的茶叶老嫩适中，耐冲泡，外形、色、香、味等方面都比高档绿茶差一些，所以更适合用小壶分杯冲泡。

用小壶泡茶时，要注意壶与茶杯的容积比例。如果只泡两杯，就选小壶冲泡；如果超过两杯，就要再加一个公道杯均匀茶汤。

绿茶的代表品种有哪些?

我国绿茶的代表品种有:西湖龙井、碧螺春、黄山毛峰、蒙顶甘露、太平猴魁、六安瓜片、庐山云雾、信阳毛尖、婺源茗眉、安吉白茶等。

庐山云雾

好绿茶产自哪里?

我国绿茶主要产自江南茶区、江北茶区和西南茶区。其中,浙江、安徽、江苏三省所产绿茶的品质最好,如西湖龙井、黄山毛峰、碧螺春等。

西湖龙井

黄山毛峰

碧螺春

绿茶什么时候上市?

不同品种的绿茶,上市时间有所不同。一般而言,春茶在3月上市,夏茶在5月中旬上市,秋茶在8月下旬上市(有的秋茶在国庆以后才上市)。

购买名牌绿茶时,为什么要认准产地?

现在市场上销售的一些名牌绿茶,都是不知名绿茶的贴牌产品,即茶商在非原产地以较低的价格购买鲜叶,然后就地加工,再运到各地贴牌包装、销售。

名茶好喝,与原产地的土壤、空气湿度、光照强度等气候条件息息相关,所以很多名茶都申请了地理保护标志。只有产自相应原产地的名茶,才能喝出名茶正宗的味道。如果不是原产地的茶,即使茶叶的品种和加工工艺都一样,制作出来的茶叶的味道也会有很大差别。购买名牌绿茶时,认准其产地才能避免买到假冒茶。

⑥ 绿茶是如何制作的?

绿茶的基本加工工艺流程分为杀青、揉捻、干燥三个步骤。

杀青是制作绿茶的关键工序。杀青的主要目的是保持茶叶色泽翠绿,散发青草气,促进茶香形成,同时除去鲜叶中的一部分水分,使叶质柔软,增加韧性,便于揉捻成型。

揉捻的目的是使鲜叶的叶细胞破碎,提高成品茶的滋味浓度,同时初步做造型。

干燥是为了进一步除去茶叶中的水分,固定茶叶的外形,挥发青草气,并让香气进一步形成。

⑥ 晒青绿茶可以买吗?

按杀青和干燥方法的不同,绿茶可分为炒青绿茶、烘青绿茶、蒸青绿茶和晒青绿茶。

晒青绿茶是指利用日光进行干燥的绿茶。"滇青"(产自云南的晒青绿茶)是制作普洱茶的优质原料,由此可知,晒青绿茶是可以购买的。但是因为制作晒青绿茶的原料,一般是比较粗老的茶叶,加工技术也比较粗糙,品质往往不如炒青绿茶和烘青绿茶。

⑥ "炒青看苗"和"烘青看毫"是什么意思?

"炒青看苗"是指买炒青绿茶时,要看有没有锋苗。有锋苗的嫩度高,没有锋苗的是粗老茶。

"烘青看毫"是指买烘青绿茶时,要看有没有绒毛。有绒毛的嫩度高,没有绒毛的是粗老茶。

茶道

…从喝茶到懂茶

西湖龙井

干茶

扁平挺直，形如"碗钉"。色泽绿中显黄，手感光滑，一芽一叶或二叶，芽长于叶，一般长3厘米以下，芽叶均匀成朵，不带夹蒂、碎片

茶汤

碧绿明亮

香气

香馥如兰，清高持久

滋味

鲜醇甘爽，饮后清淡而无涩感

叶底

细嫩、匀齐成朵，芽芽直立

⑥ 西湖龙井的正宗产地在哪？

浙江省

杭州市

　　西湖龙井特指原产于浙江省杭州市西湖风景区的龙井茶，即狮峰、翁家山、虎跑、梅家坞、云栖、灵隐一带的山中所产的龙井茶。

⑥ **越嫩越好吗？**

　　一般来说，龙井茶是越嫩越好。龙井茶历来讲究以早为贵，以清明前采制的品质最好，称为"明前龙井"。其采摘十分强调芽叶的细嫩与完整。

一芽一叶的佳品龙井叶底，叶似旗，芽似枪，亭亭玉立。

⑥ 西湖龙井就是龙井吗？

龙井茶的三种正规标志

　　根据产地的不同，龙井可分为西湖龙井、钱塘龙井、越州龙井。龙井并不是特指西湖龙井，但在龙井茶里面，西湖龙井的品质最佳。

　　龙井茶的地理标志证明商标于2009年成功注册。从那以后，只有在西湖、钱塘、越州三个浙江主产区的18个市（县）培植生产的龙井茶才能称作龙井茶，龙井茶外包装上都印有"中国地理标志"字样的标志图案。现在市场上正规渠道销售的龙井茶，都是产自浙江的正宗龙井茶。

⑥ 有青草味的西湖龙井是假茶吗？

　　在西湖龙井的制作过程中，如果杀青和干燥这两道工序做得不好，茶叶的青草气没有完全散发，茶香中就会带有一些青草味，所以有青草味的西湖龙井不一定是假茶。如果茶叶只有青草味，没有茶香，那么一定是假茶。

⑥ 西湖龙井入水即香就好吗？

　　在品鉴西湖龙井时，除了细细品味茶汤以外，闻香也很重要。如果刚一冲泡，香气就泛起，那么茶叶中可能添加了香精，或者不是西湖产区所产的正宗西湖龙井。

冲泡前，先用温水温杯，温热的杯子更宜让茶香飘逸出。

⑥ 明前西湖龙井一定是最好的吗？

一般认为西湖龙井以明前茶品质最好。其实不然，清明后也有好茶，特别是老品种茶树。老品种茶树发芽较迟，所以通常清明后才采摘，但是香气不亚于明前茶，并且茶汤的鲜浓度甚至超过明前茶，价格却低于明前茶，称得上是物超所值。

⑥ 西湖龙井何时最宜购买？

西湖龙井以春茶的品质最好。所以，春茶上市的时候，最适宜购买。春茶一般在清明节前后上市。其品质特点为：外形挺秀、扁平、光滑匀齐，色泽翠绿；茶汤清香明显，香馥若兰，持久清高；汤色碧绿明亮，滋味甘醇鲜爽；叶底均匀，一枪一旗，交错相映，栩栩如生。

⑥ 西湖龙井冲泡时需要洗茶吗？

冲泡西湖龙井时，不建议洗茶。首先，洗茶会洗去茶叶中很多的营养成分。现在市场上正规渠道销售的茶叶，质量都是符合国家标准的，被污染的可能性很低。因此，冲泡西湖龙井时，没有必要洗茶。

⑥ 西湖龙井冲泡时宜选用什么投茶方式？

一般泡茶都是先投茶后冲水，而绿茶有上投法、中投法、下投法三种方法。

西湖龙井外形扁平、光滑、紧实、没有毫毛，与水相融较慢，因此适宜采用下投法冲泡。下投法是指投茶后先向杯中冲入少量热水，以刚好浸没茶叶为宜，手握杯轻摇，使茶叶叶片浸润、充分舒展，再冲水至七分满。

⑥ 办公室饮水机里的水能泡西湖龙井吗？

有人说，饮水机里的水中，亚硝酸盐的含量超标，人饮用以后会中毒，不能用来泡茶。

但是中国疾病预防控制中心环境所的实验结果表明：即便是将水煮沸20次，水中亚硝酸盐的含量也仅为0.038毫克／升，远低于国家生活饮用水标准的限值（1毫克／升）。

根据估算，要想达到1毫克／升的限值，理论上要将水反复烧开200次。因此饮水机里的水是可以用来泡茶的。

⑥ 西湖龙井冲泡多久出汤？

冲泡茶叶的时间和次数相关，也与茶叶种类、用茶量、水温和饮茶习惯有关。冲泡时间以茶汤浓度适合饮用者的口味为标准。西湖龙井的茶叶比较细嫩，冲泡时间宜短，一般冲泡3分钟左右即可出汤，冲泡次数以1~3次为宜。随着冲泡次数的增加，冲泡时间应适当延长。

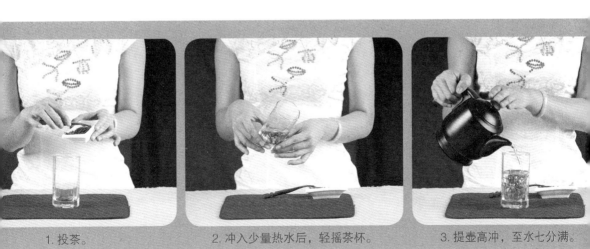

1. 投茶。　　　　　　　2. 冲入少量热水后，轻摇茶杯。　　　　　　　3. 提壶高冲，至水七分满。

⑥ 西湖龙井在家如何冲泡？

下面以盖碗冲泡西湖龙井为例，说明一下在家冲泡西湖龙井的方法。

1.先将水烧至沸腾，待水温降至80℃备用。将适量西湖龙井拨入茶荷中备用。

2.倒少量热水入盖碗中，温杯润盏（杯身和杯盖都应温烫到），把温杯的水倒掉。

3.用茶匙将茶荷中的西湖龙井轻轻拨入盖碗中。

4.向盖碗中倒入少量热水，浸没茶叶，待茶叶叶片浸润舒展即可。

5.高冲水至七分满。杯盖露边斜放，以免将茶叶闷黄。

茶道
：：从喝茶到懂茶

碧螺春

干茶
外形条索纤细匀整，形曲如螺，
满披茸毛，白毫显露，色泽碧绿

茶汤
碧绿清澈

香气
清香淡雅，有花果香

滋味
鲜爽生津、鲜醇甘厚、顺滑回甘、回
味绵长

叶底
细、匀、嫩，芽大叶小，嫩绿柔匀

⑥ 碧螺春的正宗产地在哪?

江苏省

苏州市

　　苏州太湖洞庭山出产的碧螺春最
为正宗，又叫洞庭碧螺春。

　　洞庭碧螺春采用茶果间作的种植
方式。茶树和桃、李、杏、梅、柿、橘、
白果、石榴等果树交错种植，一行行
青翠欲滴的茶蓬，像一道道绿色的屏
风，一片片浓荫如伞的果树，蔽覆霜
雪，掩映秋阳。茶树果树枝桠相连，
根脉相通，茶吸果香，花窨茶味，陶
冶着碧螺春花香果味的天然品质。

⑥ 名称的来由是什么?

　　碧螺春因香气高而持久，俗称"吓
煞人香"。后来康熙帝下江南，品尝
此茶后大加赞赏，但觉得其名不雅，
便根据其茶色碧绿、形曲似螺、采于
早春，赐名"碧螺春"。有诗曰：洞庭
碧螺春，茶香百里醉。

碧螺春什么时节采摘最好？

碧螺春的采摘特点是摘得早。每年春分前后开采，谷雨前后结束，以春分至清明采制的明前茶品质最好。通常采一芽一叶初展，芽长1.6~2.0厘米的原料，叶形卷如雀舌。炒制500克高级碧螺春约需采摘6.8~7.4万棵芽头。

一芽一叶的碧螺春干茶是首选。

碧螺春的"一嫩三鲜"指什么？

"一嫩三鲜"是指碧螺春的芽叶细嫩、色鲜艳、香鲜浓、味鲜醇。

"一嫩"是指碧螺春的芽叶特别细嫩。每500克碧螺春茶含嫩芽5万个以上，芽大叶小，芽叶尚未展开。

色鲜艳是指碧螺春不但色泽银绿隐翠、光彩夺目，而且茶汤碧绿清澈、鲜艳耀人，叶底嫩绿亮丽。

香鲜浓是指碧螺春清淡的茶香中透着浓郁的花香，使人迷恋和陶醉。

味鲜醇是指碧螺春的鲜爽茶味之中还有一种甜蜜的果味，令人回味无穷。

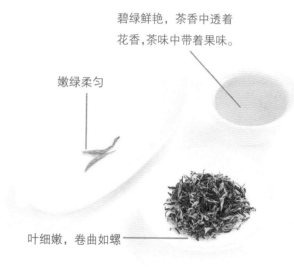

碧绿鲜艳，茶香中透着花香，茶味中带着果味。

嫩绿柔匀

叶细嫩，卷曲如螺

洞庭碧螺春为什么会有果香味？

与别的茶不同的是，洞庭碧螺春采用茶果间作的种植方式，茶树与桃、李、梅、橘等果树间种，茶吸果香，加之太湖周边气候温和湿润，得天独厚的生长环境孕育了碧螺春的良好品质，使得碧螺春独具天然的果香味，品质极好。

⑥ 碧螺春机制和手工有什么区别?

机制茶　　　　　手工茶

机制碧螺春外形大小匀称, 没有白毫, 有一股青草味。手工炒制的碧螺春外形大小不像机制茶那样匀称, 身骨重, 手感柔, 滋味醇厚甘爽, 更好地保持了茶叶原有的天然风味, 色、香、味都要比机制茶高出许多。

碧螺春茶的手工炒制延续了几千年的传统, 有一整套的"规矩", 高温杀青、热揉成形、搓团显毫和文火干燥等操作讲究"因材而异"。手工茶的品质和炒茶师傅的技艺有很大关系。总体而言, 手工茶的品质更佳。

⑥ 洞庭碧螺春和云南碧螺春有什么区别?

洞庭碧螺春是小叶种茶, 而云南碧螺春是大叶种茶。此外这两种茶叶的品质也有较大区别。

洞庭碧螺春芽叶较小, 外形扁平光滑、挺直、匀整, 满披茸毛, 汤色嫩绿明亮, 香气清新持久, 滋味鲜醇爽口。

云南碧螺春外形条索粗壮, 紧结匀整, 基本没有白毫, 色泽乌绿, 汤色翠绿, 滋味浓厚, 不如洞庭碧螺春香, 但比洞庭碧螺春耐冲泡。

洞庭碧螺春

碧螺春茶汤为什么会有点浑浊?

碧螺春冲泡后的茶汤会有"毫浑",这是正常现象。因为碧螺春白毫多,所以冲泡以后,茶汤表面会有毫毛浮起,给人的感觉就是有一点混浊,但不影响茶汤的品质和口感。

碧螺春第一泡水温高了怎么办?

冲泡碧螺春的水温以80℃左右为宜,绝不可过热。

如果第一泡的水温高了,茶叶冲泡以后变黄,说明茶叶可能被泡熟了,茶汤滋味会变得苦涩,影响茶叶品质。这时可将茶水倒掉,保留叶底,用80℃左右的热水再次冲泡,只是茶汤滋味会很淡,所以可以稍微多泡一会再出汤。

好的碧螺春第二泡时,茶汤浑浊不减,且色泽更绿。

碧螺春的白毫越多越好吗?

碧螺春白毫的多少与采摘的时间有关。白毫越多,说明采摘的时候茶叶越嫩。碧螺春采摘的特点是摘得早、采得嫩、拣得净。所以碧螺春的白毫越多,芽叶越嫩,茶叶的品质越好。

密被的白毫,是碧螺春高品质的象征。

6 碧螺春在家如何冲泡?

　　在家冲泡碧螺春宜选用直筒形、厚底耐高温的玻璃杯,采用上投法。具体冲泡方法如下:

1.用茶则取适量碧螺春投入茶荷中。

2.向玻璃杯中倒入少量热水。双手拿杯底,慢转杯身使杯的上下温度一致。将洗杯子的水倒入水盂里。

3.直接冲水入杯至七分满。

4.用茶匙把干茶轻轻拨入玻璃
杯中。

5.赏茶舞即是欣赏茶叶落入水中，茶
芽吸水后渐渐沉入杯底，以及茶汤慢
慢变绿的过程。

茶道
：从喝茶到懂茶

黄山毛峰

干茶
条索细扁，形似雀舌，带有金黄色鱼叶；芽肥壮、匀齐、多毫

茶汤
清澈明亮

香气
清香高长

滋味
鲜浓醇厚，回味甘甜

叶底
嫩黄柔软，肥壮成朵

🌀 黄山毛峰的正宗产地在哪?

安徽省

黄山市

正宗的黄山毛峰产于安徽黄山风景区和毗邻的汤口、充川、芳村、杨村、长潭一带。黄山风景区外的汤口、岗村、杨村、芳村，是黄山毛峰的重要产区。桃花峰、云谷寺、慈光阁、钓桥庵、充川等地出产的黄山毛峰的品质最好。

🌀 黄山为何出好茶?

光照是茶树生存的首要条件，茶树对紫外线有着特殊的要求，阳光不能太强也不能太弱。

黄山土质好，温暖湿润，空气湿度大，多雾，一年有200多天云雾缭绕。光线被雾遮挡，使得红黄光得到加强，从而使得芽叶中氨基酸、芳香物质和水分的含量明显增加，茶树新梢可以在较长时间内保持鲜嫩而不易粗老。对于茶叶的色泽、香气、滋味、嫩度的提高均十分有利。因此自古以来黄山多产好茶。

黄山毛峰何时上市？

黄山地区有句茶谚："夏前茶，夏后草"。黄山毛峰一般只采春茶，夏茶和秋茶不采。春茶采摘一般在清明、谷雨前后，至立夏结束。清明前后的春茶，叶片鲜嫩，又不易遭受病虫害，因此品质较好。

劣等的黄山毛峰，色泽暗晦，如同枯草。

怎么鉴别假冒的黄山毛峰？

正宗黄山毛峰冲泡以后的茶汤清澈明亮，呈杏黄色，叶底嫩黄，肥壮成朵。假冒的黄山毛峰为了达到以假乱真的效果，一般都会向茶叶中掺入人工色素，茶汤呈土黄色，滋味苦涩、淡薄，且叶底不成朵。

特级黄山毛峰和其他毛峰有什么区别？

特级黄山毛峰是我国毛峰中的极品，其形似雀舌，匀齐壮实，峰显毫露，色如象牙，鱼叶金黄。

"色如象牙"和"鱼叶金黄"是它区别于其他毛峰的显著特征。鱼叶指的是它的一芽一叶下那片过冬的小叶子，俗称"茶笋"或"金片"；象牙色指的是它的颜色看上去有种"没有光泽，有黄有白还带点绿色"的效果。

黄山毛峰小小的尖芽紧偎叶中，每片都只有半寸左右，酷似雀舌。

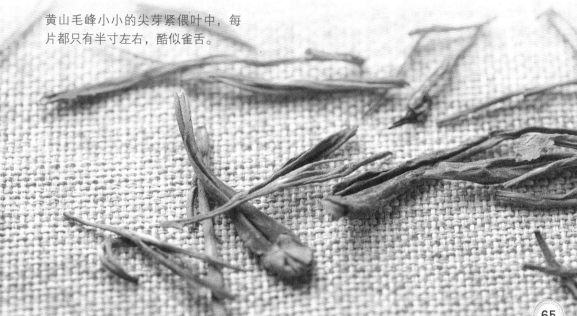

🌀 黄山毛峰在家如何冲泡？

黄山毛峰外形条索较为松散，适宜采用中投法冲泡。下面具体说明在家冲泡黄山毛峰的简易方法：

1.将黄山毛峰用茶则取出后，放入茶荷中。

2.向壶中注入少量热水（80℃左右），温壶。

3.再将壶中的水倒入品茗杯，温杯。

4.将水倒入壶中约1/4处，将茶荷中的黄山毛峰拨入壶中。

5.冲水到满壶，满而不溢。再盖好壶盖，泡2~3分钟。

6.转动品茗杯,再将温杯的水倒出。

7.将茶汤分入品茗杯中。

六安瓜片

干茶
单片不带梗芽，色泽宝绿，起润有霜

茶汤
杏黄明净，清澈明亮

香气
雾气蒸腾，清香四溢

滋味
鲜醇回甘

叶底
嫩黄，整齐成朵，耐冲泡

六安瓜片的正宗产地在哪？

安徽省

六安市

六安瓜片是产自安徽省六安市的国家级历史名茶，是六安市的特有品种。

为什么叫"瓜片"？

六安瓜片茶简称片茶，因其外形似瓜子，呈片状而得名。其外形特点是单片、不带茶芽和茶梗，外形直顺完整，形若瓜子，叶边背卷平摊，色泽翠绿。

六安瓜片是绿茶中唯一去梗去芽的片茶。

⑥ 叶上有霜的六安瓜片是好茶吗？

六安瓜片在炒制过程中，在拉老火以后，茶叶表面会蒙上一层白霜，这是茶叶内有机物质在高温下的升华。上等六安瓜片的叶片上都会有这一层淡淡的白霜。

⑥ 闻着有熟板栗味的六安瓜片才好？

挑选六安瓜片，先看外形，透翠、老嫩、色泽一致，说明烘制到位。通过嗅闻，有烧板栗的香味或幽香的为上乘的六安瓜片；有青草味的说明炒制工夫欠缺。片卷顺直、长短相近、粗细匀称、形状大小一致的，说明炒功到位。

⑥ 为什么六安瓜片适合用白瓷盖碗冲泡？

冲泡六安瓜片最适宜用白瓷盖碗。使用白色瓷器冲泡，能更好地衬托六安瓜片的色泽，并且有助发挥六安瓜片的茶香，给人怡静清雅的感觉。

⑥ 六安瓜片是《红楼梦》中提到的六安茶吗？

《红楼梦》中多次提到"六安茶"，它和六安瓜片不是一回事。

《红楼梦》是曹雪芹在清朝中期乾隆年间创作的小说，而六安瓜片创制于清朝末年。也就是说，六安瓜片是曹雪芹写了《红楼梦》之后才有的，《红楼梦》中提到的"六安茶"是指祁门安茶（创制于明末清初，产于安徽省祁门县，属黑茶）。

6 六安瓜片在家如何冲泡?

在家冲泡六安瓜片宜选用白瓷盖碗,采用下投法冲泡。具体冲泡方法如下:

1.准备好茶叶、茶具和热水。

2.用茶则取适量六安瓜片投入茶荷中。再倒入少量热水温烫盖碗。

3.将盖碗中的水倒入水盂。

4.取适量六安瓜片投入盖碗中。

5.倒入热水，以刚好浸没茶叶为宜，
充分浸润1~2分钟，然后向盖碗中加
热水至七分满。

6.静置1分钟左右即可出汤饮用。

太平猴魁

干茶

扁展挺直，魁伟壮实，两叶抱一芽，匀齐；叶色苍绿匀润，叶脉绿中隐红，白毫隐伏；芽叶成朵肥壮，宛如橄榄

茶汤

清绿明澈

香气

香高气爽，带有明显的兰花香

滋味

甘醇爽口，回味甘甜，有独特的猴韵，喝完以后有一股幽兰的暗香留于唇齿间

叶底

嫩匀肥壮，成朵，黄绿鲜亮

太平猴魁的正宗产地在哪？

安徽省

黄山市

太平猴魁产于安徽省黄山市黄山区（原为太平县）新明乡的猴坑、猴岗及颜家一带，属绿茶类。茶园一般分布在350米以上的山上，其中猴坑村的高山茶园所产的太平猴魁品质最佳。

太平猴魁与普通尖茶有什么区别？

用周边普通尖茶制作假冒的太平猴魁，其制法与太平猴魁基本相同，外形也与太平猴魁相似。我们可以从以下三个方面来辨别太平猴魁和周边普通尖茶。

1 太平猴魁扁平挺直，魁伟状实，即其个头比较大，两叶一芽，叶片长达5~7厘米。

2 冲泡后，芽叶成朵肥壮，就像含苞欲放的白兰花。

3 太平猴魁比一般的绿茶耐冲泡，一般具有兰花香，香气高爽持久。

✿ 太平猴魁何时购买最适宜？

太平猴魁一般在谷雨前后开始采摘，一直到立夏。这期间采摘的茶叶品质最好，最适宜购买。但是因为太平猴魁的产量少，价格高，一般人很难买到极品太平猴魁。普通消费者不必追求那么高的品质，购买带有地理标志的、包装完好的太平猴魁即可。

✿ 太平猴魁是训练猴子采摘的吗？

关于太平猴魁有一个传说：太平猴魁原本是长在峭壁上的野生茶，很难采，于是人们训练猴子去采摘。后来人们发现这种茶叶冲泡以后很好喝，称得上是茶中魁首，于是把这种茶叶命名为猴魁。当然，这只是传说，不可信。太平猴魁是茶农王魁成于清朝光绪年间始创，因产于猴坑村的品质最佳，故称猴魁。

✿ 太平猴魁的"两刀一枪"指什么？

太平猴魁的每朵茶都是两叶抱一芽，平扁挺直，不散，不翘，不曲，俗称"两刀一枪"。品其味，则幽香扑鼻，醇厚爽口，回味无穷。

两刀一枪

✿ 太平猴魁如何从冲泡辨好坏？

太平猴魁比一般的绿茶耐冲泡，冲泡3~4次还有香气的为上品。

上好的太平猴魁入杯冲泡，开展徐缓，芽叶成朵，或悬或沉，叶影水光，相映成趣；冲泡3~4次，滋味不减，兰香犹存。如果冲泡3~4次还有兰花香，就说明是上好的太平猴魁。

✿ 上品太平猴魁有"红丝线"？

太平猴魁有"猴魁两头尖，不散不翘不卷边"之称。猴魁茶包括猴魁、魁尖、尖茶3个品类，以猴魁的品质最好，叶色苍绿匀润，叶脉绿中隐红，俗称"红丝线"。

⑥ 太平猴魁在家如何冲泡?

　　太平猴魁适宜采用下投法冲泡。因为它较一般绿茶更耐泡,所以要使用95℃左右的热水冲泡。在家用玻璃杯冲泡太平猴魁的具体方法如下:

1.准备好直筒玻璃杯和茶叶。将水烧开,
待水温降至95℃左右备用。

2.取适量茶叶投入茶荷中。

3.向玻璃杯中倒入少量热水。

4.旋转杯身,使热水温烫到杯子的整个内壁,然后将温杯的水倒入水盂中。

5.将茶荷中的茶放入杯中。

6.加水到杯子容积的1/3左右,静置30秒。

7.加水至七分满,静置30秒。

信阳毛尖

干茶
细、圆、紧、直，色泽翠绿，白毫显露

茶汤
嫩绿明亮

香气
鲜浓持久、有长久的熟板栗香

滋味
鲜浓、爽口、回甘生津，多次冲泡后滋味仍然浓郁不减

叶底
嫩绿，细嫩匀整

信阳毛尖的正宗产地在哪？

河南省

信阳市

信阳毛尖产自河南省南部大别山区的信阳市，产区主要分布在车云山、集云山、天云山、震雷山、黑龙潭等山的峡谷之间。信阳毛尖外形细、圆、紧、直，色泽翠绿，白毫显露，香气清高，汤色嫩绿明亮，叶底嫩绿，滋味醇厚；饮后回甘生津；冲泡四五次仍然有持久的熟板栗香。

信阳毛尖和毛尖是一回事吗？

毛尖属于绿茶类，因其外形而得名。不同的毛尖常以各自的产地来命名，如信阳毛尖、都匀毛尖、黄山毛尖等。所以信阳毛尖属于毛尖茶，但信阳毛尖和毛尖不是一回事。

⑥ 怎么辨别信阳毛尖的新茶和陈茶？

新茶

陈茶

信阳毛尖新茶色泽鲜亮，泛绿色光泽，香气浓爽而鲜活，白毫明显，给人以生鲜的感觉；陈茶色泽较暗，光泽发暗甚至发乌，白毫损耗多，香气低闷，无新鲜口感。

⑥ 芽叶发黑的信阳毛尖不好吗？

上等信阳毛尖的干茶应该是呈翠绿色的。如果信阳毛尖的芽叶发黑，就说明茶叶的品质较差，很有可能是陈茶或者是霉变茶。

⑥ 信阳毛尖的茶汤为什么类似绿豆汤？

信阳毛尖的特点之一是"多白毫"。信阳毛尖冲泡以后，白毫溶在了茶汤里，会形成微浑浊而鲜亮的茶汤，汤色嫩绿明亮，看起来就像是绿豆汤。信阳毛尖茶汤的特点是"香气高，滋味浓，汤色绿"。

⑥ 信阳毛尖喝起来发涩是为什么？

绿豆汤般澄澈的茶汤。

第一次冲泡信阳毛尖时，茶叶中的茶多酚、咖啡因等营养物质浸出快，所以喝起来会有点苦涩。饮至茶汤还剩1/3时，加水至七分满。此时再品，茶汤的苦涩味应该就消失了，变得鲜醇甘爽。如果第二次冲泡时，仍然有苦涩的味道、没有茶香，那么茶叶可能是假冒的信阳毛尖。

⑥ 信阳毛尖在家如何冲泡?

在家冲泡信阳毛尖宜使用玻璃杯,采用下投法,适宜的水温是85℃左右。具体冲泡方法如下:

1.准备好玻璃杯和茶叶。

2.用茶则取适量茶叶投入茶荷中。

3.向玻璃杯中倒入少量热水温杯，将温杯的水倒入水盂。

5.加水到玻璃杯容积的1/3,摇晃玻璃杯,使茶叶充分浸润。

6.加水至七分满,稍等片刻即可出汤。

4.将茶荷中的茶投入玻璃杯中。

茶道
…从喝茶到懂茶

安吉白茶

干茶
条索紧细，叶张玉白，叶脉翠绿，
叶片莹薄

茶汤
汤色鹅黄

香气
馥郁持久

滋味
鲜醇甘爽，回味甘甜

叶底
莹白带绿，筋脉翠绿

安吉白茶的正宗产地在哪?

浙江省

安吉白茶产自浙江省安吉县。安吉县地处天目山北麓，植被丰富，森林覆盖率高，所以安吉白茶的营养十分丰富。

安吉白茶与别的绿茶相比，一个显著的特点就是氨基酸含量高。安吉白茶不仅喝起来口感好，而且还有益于身体健康。安吉白茶有"美容茶"的雅号，非常受爱美女性的青睐。

采摘标准是什么?

安吉白茶采摘标准为玉白色的一芽一叶初展至一芽三叶，要求芽叶完整、新鲜、匀净。采摘时间一般在3月中下旬至4月中下旬。

⑥ 安吉白茶为什么是绿茶而不是白茶？

　　因为安吉白茶是按照绿茶的加工工艺制作而成的，所以它属于绿茶而不是白茶。白茶属微发酵茶，而绿茶是不发酵茶。安吉白茶被称为"白茶"，是因为安吉白茶的茶树是茶树的白化变种，属珍稀树种，变异后的茶树的嫩叶呈白色，因而得名。

⑥ 安吉白茶茶叶为什么会变色？

　　因为安吉白茶为温度敏感型突变体，当春季持续平均气温为19℃时，叶绿素缺失，其嫩叶为白色；在高于22℃的条件下，叶色由白逐渐变绿；在低于15℃条件下，可维持较长时间的返白期，但生长缓慢。

夏天，茶叶完全变成绿色，与绿茶无异。

春夏之交，茶叶由白慢慢转绿。

⑥ 安吉白茶冲泡后为什么有竹子的香气？

　　安吉县是我国著名的竹子之乡，因此安吉白茶茶树在生长过程中，吸收了竹子的香气，形成了其独特的风味。冲泡安吉白茶的时候，茶叶中竹子的香气就会散发出来。

⑥ 安吉白茶在家如何冲泡？

安吉白茶适宜用下投法冲泡，在家可以选用直筒形无色透明的玻璃杯来冲泡。方法如下：

1.先取适量安吉白茶投入玻璃杯中。

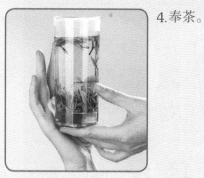

4.奉茶。

5.闻茶。

2.然后倒入适量热水（85℃左右），以刚好浸没茶叶为宜，让茶叶浸润1~2分钟。

3.向杯中加热水至七分满，静置1分钟左右。

6.赏茶。

7.品茶。

茶道：从喝茶到懂茶

都匀毛尖

干茶
条索卷曲，色泽翠绿，外形匀整、白毫显露

茶汤
清澈，绿中透黄

香气
清高

滋味
鲜浓，回味甘甜

叶底
明亮，芽头肥壮

⑥ 都匀毛尖的正宗产地在哪？

贵州省

都匀市 ●

　　都匀毛尖是历史名茶，产自贵州省都匀市。都匀位于贵州省的南部，属亚热带季风湿润气候，雨量充沛，冬无严寒，夏无酷暑，四季宜人。加之产茶区土壤疏松湿润，土质酸性或微酸性，内含大量铁质和磷酸盐，适宜茶树生长。

　　都匀毛尖又名"细毛尖""鱼钩茶"，是贵州三大名茶之一，其主要产地位于都匀市的团山、哨脚、大槽一带，以团山乡的哨脚、哨上、黄河、黑沟、钱家坡所产的品质最佳。据史料记载，早在明代，都匀毛尖茶中的"鱼钩茶""雀舌茶"便是皇室贡品，深受崇祯皇帝喜爱。到乾隆年间，已开始行销海外。

何时采摘上市的都匀毛尖最好？

都匀毛尖的采制一般在清明节前后。此时的叶片细小短薄，嫩绿匀齐，制出来的都匀毛尖品质最好。都匀毛尖鲜叶的采摘标准为：极品为独芽，特级为一芽一叶初展，一级为一芽一叶半开展，二级为一芽一叶开展。

都匀毛尖的"三绿三黄"指什么？

都匀毛尖素以"干茶绿中带黄，汤色绿中透黄，叶底绿中显黄"的"三绿三黄"特色著称。其品质优佳，形可与洞庭碧螺春并提，质能同信阳毛尖媲美。茶界前辈庄晚芳先生曾写诗赞曰："雪芽芳香都匀生，不亚龙井碧螺春。饮罢浮花清爽味，心旷神怡功关灵！"

绿中显黄

绿中透黄

绿中带黄

为什么都匀毛尖冲泡一次就没味道了？

特级的都匀毛尖条索卷曲，色泽翠绿，外形匀整，白毫多显，香气清高，滋味醇厚，回味甘甜。而假冒的都匀毛尖外形大小不一，滋味淡薄，往往第一次冲泡就没什么味道了。所以如果第一次冲泡都匀毛尖，茶汤滋味就很淡薄，说明可能是假茶。

形似鱼钩的都匀毛尖是佳品，冲泡3次，仍香气清高，滋味鲜浓。

径山茶

干茶
外形卷曲，细嫩显毫，色泽翠绿

茶汤
嫩绿明亮

香气
清香持久，有浓郁的板栗香或兰花香

滋味
甘醇爽口

叶底
细嫩成朵，嫩绿明亮

径山茶的正宗产地在哪？

浙江省

杭州市

径山茶产自浙江省杭州市余杭区西北境内天目山东北峰的径山，属烘青绿茶类。径山茶的采制技术考究，"嫩采早摘"是径山茶采摘的特点。

径山茶以谷雨前采制的品质为佳，鲜叶的采摘标准为：特级、一级为一芽一叶或一芽二叶初展，二级为一芽一叶或一芽二叶。通常1千克"特一"径山茶需采6.2万个左右的芽叶。

径山茶怎么冲泡才更香？

径山茶适合用直筒型透明玻璃杯冲泡，一般用上投法冲泡，80℃左右的水冲泡2~3分钟即可。如果想让径山茶的香气更为香郁的话，可以使用中投法冲泡1~2分钟。

⑥ 婺源茗眉的正宗产地在哪？

江西省

婺源县

婺源茗眉产自江西省婺源县，这里地处赣、皖、浙三省毗连的丘陵山区，为怀玉山脉和黄山支脉所环抱，植被丰富，森林茂盛，清流急湍，汇成千百条小溪，土层深厚肥沃，气候温和，四季云雾缭绕。

⑥ 采摘标准是什么？

婺源茗眉的鲜叶要求严格。采摘标准为一芽一叶初展，采白毫显露、芽叶肥壮、大小一致、嫩度一致、无病虫害的芽叶，忌采紫色芽叶，要求在晴天雾散后采，保持叶表无露水；要细心提采，不用指甲掐采，以免红蒂。

一芽一叶的叶底，秀丽鲜嫩。

干茶

细紧纤秀，弯曲似眉，挺锋显毫，色泽翠绿光润，翠绿紧结，银毫披露

茶汤

黄绿清澈

香气

带兰花香，香浓持久

滋味

鲜爽醇香，浓而不苦，回味甘甜

叶底

嫩匀完整

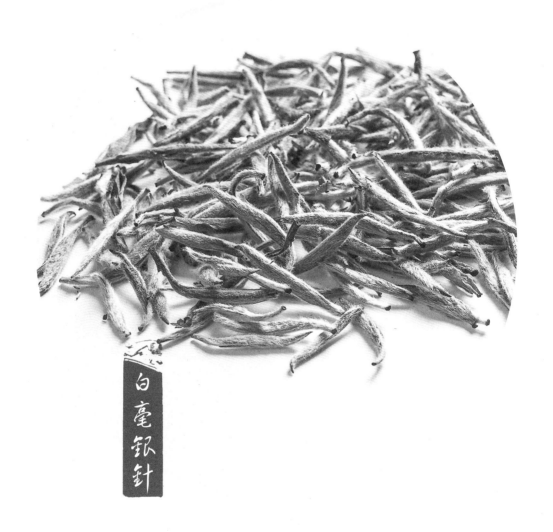

白毫銀針

肆

白茶的购买与冲泡

白茶，『绿装素裹』的天然美人，可说是六大茶类中制作方法较为质朴、简单的一种。正因为简单，才保留下茶叶最真实的滋味。那样自然的草叶香，反倒不似茶，像是雨后空气中飘逸的淡淡青草气息，只有静心品味才能感悟。

白茶是指茶汤是白色的吗？

白茶，从字面的意思来看，似乎是说茶汤是白色的。其实不然，之所以称其为白茶，是因为其外表满披银毫呈灰白色。白茶具有解毒、治牙痛、防暑的功效。

密披白毫的白毫银针

白茶只有中国有吗？

白茶属微发酵茶，为中国特有茶类，主要产于福建省福鼎、政和、建阳、松溪等地，中国台湾省也有少量白茶出产。白茶历史悠久，其生产已有一千多年的历史。

白茶是如何制成的？

白茶的主要制作工艺流程有萎凋和干燥。

萎凋分为室内萎凋和室外萎凋两种方法，根据气候的不同灵活运用。因为白茶的制作过程没有揉捻工序，所以茶汁渗出的较慢。正是这种独特的制法，使得茶叶本身酶的活性没有被破坏，保持了茶的清香、鲜爽。

干燥是为了去除茶叶中多余的水分和苦涩味，使茶香高、味醇。

细嫩的白牡丹春茶，用中投法冲泡，最能展现其魅力。

白茶什么时候采摘？

白茶春茶的采摘时间因产地、茶树品种而不同，通常福鼎比政和早，白毫银针比白牡丹、贡眉早。

春茶一般在清明节前后采摘，可采到5月上旬。6月上旬至7月上旬采摘夏茶。7月下旬至8月下旬采摘秋茶。

白茶的陈茶真的比新茶好吗？

近几年，因为人为炒作的原因，市场上白茶陈茶的价格远超过新茶的价格。这不代表陈茶就一定比新茶好，但不可否认的是，陈茶的滋味更醇厚、更香浓，药用价值更高。

白茶保存的年份越久，保健功效越好，药用价值也越高。白茶陈茶的香气清幽略带毫香，且第一泡带有淡淡的中药香味，滋味醇厚清甜，耐冲泡；白茶新茶毫香幽幽，带有清鲜气息，口感清淡甘爽，没有其他杂味。白茶陈茶和新茶各有其特点。

怎么鉴别白茶的陈茶和新茶？

我们可以从外形、香味、耐泡度三个方面，来鉴别白茶的陈茶、新茶。

白茶陈茶

1 陈茶整体呈黑褐色，用肉眼能看到些许白毫，而新茶外形整齐，呈褐绿色，且白毫满布。

2 陈茶幽香阵阵，毫香浓重但不浑浊，有草药味，滋味醇厚。而新茶毫香幽幽，带有清鲜气息，滋味鲜爽清淡。

白茶新茶

3 陈茶比新茶更耐泡。陈茶用普通泡法冲泡二十余次，滋味尚佳。此外，陈茶煮着喝口感更佳，而新茶是不能煮着喝的。

白茶的代表品种有哪些？

白茶的代表品种有白毫银针、白牡丹、贡眉等。

白毫银针

白牡丹

⑥ 白芽茶、白叶茶分别指什么？

　　根据茶树品种和鲜叶采摘标准的不同，白茶可以分为白芽茶和白叶茶两类。白芽茶包括白毫银针等，白叶茶包括白牡丹、贡眉等。

　　白芽茶是用大白茶或其他茸毛多的茶树品种的肥壮芽头制成的。白叶茶是用芽叶茸毛多的茶树品种制成的，采摘一芽二、三叶或单片叶，经萎凋、干燥而成。白叶茶外形松散，叶背银白，汤色浅黄澄明。

⑥ 怎么鉴别优质白茶和劣质白茶？

优质白茶

劣质白茶

	优质白茶	劣质白茶
干茶	毫多而肥壮，毫色银白有光泽，叶面墨绿或翠绿	毫芽瘦小而稀少，叶片摊开、折贴、弯曲；杂质多
茶汤	滋味鲜爽、醇厚、清甜；汤色杏黄，清澈明亮	滋味粗涩、淡薄；汤色泛红、暗浊
叶底	匀整、肥软，毫芽壮多，叶色鲜亮	硬挺、破碎、暗杂、花红、黄张、焦叶红边

⑥ 怎样观色辨白茶？

　　白茶叶面灰绿（叶背银白色）或墨绿、翠绿，表明是品质很好的白茶；如果叶面是铁板色的，则品质稍次一些；如果叶面是草绿黄、黑、红色及蜡质光泽的，品质最差。

⑥ 白茶中有老梗的是好茶吗?

上等白茶的干茶应是毫多而肥壮,毫色银白有光泽,叶面墨绿或翠绿的。如果白茶中有老梗、老叶或腊叶,就表明茶叶品质差,不是很好的白茶。

⑥ 白茶的品质特点是什么?

白茶的品质特点是茶芽肥壮、满披白毫;内质香气清鲜,滋味鲜爽微甜,汤色清澈晶亮,呈浅杏黄色。白茶加工工艺独树一帜,基本上是自然天成,很好地保留了茶的清香、鲜爽。白茶糖类和氨基酸含量较高,性清凉,有退热、降火的功效,适宜盛夏时节饮用。

⑥ 白茶适合用什么茶具冲泡?

冲泡白茶适宜采用的茶具是玻璃杯(壶)或瓷杯(壶)。

白茶的制法特殊,采摘白毫密披的茶芽,不炒不揉,只分萎凋和干燥两道工序,使茶芽自然缓慢地变化,形成白茶的独特品质风格,因而白茶的冲泡是极具观赏性的过程。所以为了便于观赏,冲泡白茶一般宜选择透明的玻璃杯或白瓷杯。

⑥ 白茶一般用多高的水温冲泡?

因为白茶比较细嫩,叶片较薄,所以冲泡水温不宜太高,一般水温在80℃左右为宜。白茶因未经揉捻,茶汁不易浸出,所以一般要冲泡3分钟左右才出汤。

白毫银针

干 茶
芽头肥壮，肩披白毫，挺直如针，色白如银

茶 汤
杏黄明亮

香 气
毫香显，清新

滋 味
醇厚回甘，清鲜爽口

叶 底
嫩匀，色绿黄

🐚 白毫银针的正宗产地在哪?

福建省

福鼎市

政和县

　　白毫银针主要产自福建的福鼎、政和两地，素有"茶中美女"和"茶王"的美称，是白茶中的极品。福鼎所产茶芽茸毛厚，色白、富光泽，汤色浅杏黄，味清鲜爽口。政和所产的汤味醇厚，香气清芬。

🐚 白毫越多品质越好?

　　白毫银针以茶芽肥壮，白毫多，挺直如针，色白如银的为上品。白毫越多，说明茶芽越嫩，白毫银针的品质也越好。

白毫越多的茶叶，冲泡出的茶汤越通透，只有在白瓷杯中才能见到隐约的杏黄。

⑥ 白毫银针的采摘有什么特别要求?

白毫银针的采摘要求很严格,有"十不采"的说法,即"雨天不采,露水未干不采,细瘦芽不采,紫色芽头不采,风伤芽不采,人为损伤芽不采,虫伤芽不采,开心芽不采,空心芽不采,病态芽不采"。

一芽一叶的春茶

白毫银针的采摘以春茶头一、二轮的顶芽品质最佳。当春茶嫩梢萌发一芽一叶时,将其采下,然后用手指将真叶、鱼叶轻轻剥离出来,得到茶芽。夏茶芽小,不够肥壮,不适宜制作白毫银针。春茶采后台刈的茶树,秋梢肥壮,也是制作白毫银针的好原料,品质和春茶不相上下。

⑥ 为什么说白毫银针是白茶中的珍品?

白毫银针因为产区少,采摘要求严格,一般只用春天茶树新生的嫩芽来制造,因此每年产量也十分有限,所以相当珍贵。且白毫银针性寒凉,有退热、降火、解毒之功效,有"功若犀角"之誉,具有很高的药用价值。因此称得上是白茶中的珍品。

近年来白毫银针也有销往我国港澳地区及美国、德国等国。欧美茶商也用于掺入高级红茶,以示名贵。

茶叶壮硕,白毫长密,布满全叶的茶叶,是白毫银针中的佳品。

品质好的白毫银针茶汤是怎样的？

高品质的白毫银针冲泡以后，茶汤呈杏黄色或淡黄色，清澈晶亮，毫香显，滋味醇厚回甘。白毫银针可作为药用，有祛湿退热、健胃提神的功效。

北路银针和南路银针有区别吗？

福鼎银针（北路银针）

政和银针（南路银针）

白毫银针因产地和茶树品种不同，可分为北路银针和南路银针。

北路银针产于福建福鼎，茶树品种为福鼎大白茶。其外形优美，芽头壮实，白毫厚密，富有光泽，茶汤呈杏黄色，香气清淡，滋味清鲜爽口。

南路银针产于福建政和，茶树品种为政和大白茶，其外形粗壮，芽长，白毫略薄，光泽不如北路银针，但香气清鲜，滋味醇厚。

清嘉庆初年（1796年），福鼎用菜茶（有性群体）的壮芽为原料，创制白毫银针。1889年，政和县开始产制银针，畅销欧美，每担价值银元三百二十元。当时银针产区家家户户制银针，民间还流行着"女儿不慕富豪家，只问茶叶和银针"的说法。

怎么鉴别白毫银针的新茶和陈茶？

总体来说，白毫银针茶汤滋味偏淡，比一般绿茶耐冲泡。白毫银针新茶和陈茶有较大区别。新茶茶汤滋味醇爽，微苦，偏淡，有毫香，叶底黄绿。陈茶茶汤滋味醇厚，微甜，叶底红褐。

⑥ 陈年白毫银针适宜用什么茶具冲泡？

陈年白毫银针使用紫砂壶冲泡比较好。白毫银针比一般的绿茶耐冲泡，而陈年白毫银针更耐冲泡。

紫砂壶冷热急变性能好，寒天腊月，急注沸水，不会爆裂，传热缓慢，茶不易凉，也不炙手。更难得的是用紫砂壶沏茶，既不夺香味，又无熟汤气，聚香含淑，香不涣散。

清中期紫砂加彩茶壶

使用紫砂壶冲泡陈年白毫银针的话，便于营养物质的浸出，泡出的茶汤香气浓郁清幽，滋味醇厚滑顺，几乎没有苦涩感。如果用玻璃杯冲泡陈年白毫银针，茶汤滋味通常比较清淡。

⑥ 白毫银针冲泡后怎么喝起来没有什么味道？

在白毫银针的加工工艺中，没有揉捻这道工序，细胞壁没有被破坏，维生素、氨基酸、咖啡因等营养物质较难浸出。刚冲泡白毫银针时，茶汤滋味很淡，喝起来就感觉好像没有什么味道。等3~5分钟，待汤色发黄时再饮，茶汤才会变得鲜爽醇厚。

随着茶汤慢慢变黄，茶味也一点点渗透出来，不急不躁。

⑥ 白毫银针在家如何冲泡？

在家冲泡白毫银针可以选用盖碗，采用中投法，水温80℃左右即可。具体方法如下：

1.将足量的水烧开至沸腾，待水温降至80℃左右备用。将所需适量的白毫银针放入茶荷中。

2.用沸水温烫杯具，向杯中倒入少量热水，再将温盖碗的水倒入水盂中。

3.冲水至盖碗的三分满。

4.用茶匙将干茶拨入盖碗中。

5.将水冲至盖碗的七分满即可。等
3~5分钟即可饮用。

6.共赏茶舞。

白牡丹

干茶

两叶抱一芽，叶态自然，色泽深灰绿或暗青苔色，叶张肥嫩，呈波纹隆起，叶背遍布洁白茸毛，叶缘向叶背微卷，芽叶连枝

茶汤

杏黄或橙黄

香气

鲜嫩纯爽，毫香显

滋味

鲜醇

叶底

浅灰，叶脉微红

白牡丹的正宗产地在哪？

白牡丹主要产自福建省福鼎、政和、松溪、建阳等地。其原料采自政和大白茶、福鼎大白茶及水仙等优良茶树品种，选取毫芽肥壮、洁白的春茶加工而成。不炒不揉，直接萎凋干燥而成。

"一芽两叶"的白牡丹最好吗？

上等白牡丹的外形品质特点是两叶抱一芽，银白毫针笔直，叶绿微卷，芽叶连枝，叶伸展，叶色呈浅翠绿，叶背密布白色茸毛。所以购买白牡丹时，要尽量选择"一芽两叶"的白牡丹。

好的白牡丹不仅叶上密披白色茸毛，芽上也要有。

白牡丹是因为像牡丹花才叫白牡丹的吗？

白牡丹是用春茶第一轮嫩梢上的一芽二叶制成的。其外形特点是身披白茸毛，芽叶成朵，宛如一朵白牡丹花。冲泡后，碧绿的叶子托着嫩嫩的叶芽，形状优美，好似牡丹蓓蕾初放，因此而得名。

为什么白牡丹的出汤时间有多种说法？

白牡丹的冲泡方法与白毫银针一样，适宜采用中投法。但如果使用不同的茶具冲泡，出汤的时间也不相同。比如，如果用马克杯冲泡白牡丹，3分钟左右可出汤，而用白瓷盖碗冲泡的话，1分钟左右即可出汤。

汤色泛红的白牡丹品质好吗？

好的白牡丹冲泡以后，茶汤通常呈杏黄色或橙黄色，毫香明显，滋味清甜醇爽。如果茶汤微红或呈深红色，滋味通常比较苦涩，说明是用泛红的粗老叶冲泡的，属品质较差的白牡丹。

优质白牡丹，茶汤杏黄

劣质白牡丹，茶汤泛红

茶道

贡眉

……从喝茶到懂茶

干茶
毫心显而多，新茶色泽翠绿，陈茶呈褐色

茶汤
橙黄或深黄

香气
鲜嫩，纯爽

滋味
醇爽

叶底
匀整、柔软、鲜亮，叶张主脉迎光透视呈红色

⑥ 贡眉的正宗产地在哪?

福建省

南平市

　　贡眉主要产自福建省南平市建阳区、政和县、浦城县、建瓯市等地也有生产，其产量占白茶总产量的一半以上。

　　贡眉又被称为寿眉，是用菜茶茶树的芽叶制成的。这种用菜茶芽叶制成的毛茶称为"小白"，以区别于福鼎大白茶、政和大白茶茶树芽叶制成的"大白"毛茶。

　　以前，菜茶的茶芽曾经被用来制造白毫银针等品种，但后来则改用"大白"来制作白毫银针和白牡丹，而小白就用来制造贡眉了。通常，"贡眉"是表示上品的。

❻ 贡眉的采摘标准是什么？

贡眉的一芽二叶干茶

贡眉的一芽二叶叶底

制造贡眉原料的采摘标准是一芽二叶或一芽三叶，要求含有嫩芽、壮芽，一般在谷雨前后开采。贡眉的加工工艺与白牡丹基本相同，但品质比白牡丹稍差。

❻ 品质好的贡眉冲泡以后是怎样的？

通常优质贡眉冲泡以后，香气鲜嫩，有毫香，叶底软嫩、匀整、色灰绿匀亮。贡眉新茶呈翠绿色，陈茶呈褐色。如果冲泡出来的茶汤呈金褐色，并且散发中药香气，说明是陈年贡眉。

❻ 贡眉适合赠送给哪些人？

相较于其他白茶，贡眉更适合赠送给男性茶友，或者是资深茶友。因为贡眉从外形上看显得枯败、芜杂，而香气、滋味上，也是沉郁的，没有很多人喜欢的花香，更像是经过中药浸润后木材的味道。而刚刚接触茶的朋友，一般暂时无法欣赏、理解贡眉，所以此茶更适合送给男性茶友，或者是资深茶友。

2006 年的贡眉

2012年的贡眉，
成茶会稍绿

⑥ 贡眉在家如何冲泡?

贡眉适宜用盖碗或玻璃杯冲泡,一般采用中投法。下面来说明在家用盖碗冲泡贡眉的具体方法:

1.准备盖碗和茶叶。

2.用茶则取适量茶叶投入茶荷中。

3.倒热水入盖碗中，温杯润盏，将洗杯子的水倒入水盂。

4.将适温的水冲入盖碗1/3处。

5.将茶荷中的茶叶放入盖碗中。

6.加水至盖碗七分满，加盖，闷泡5~8分钟即可出汤饮用。

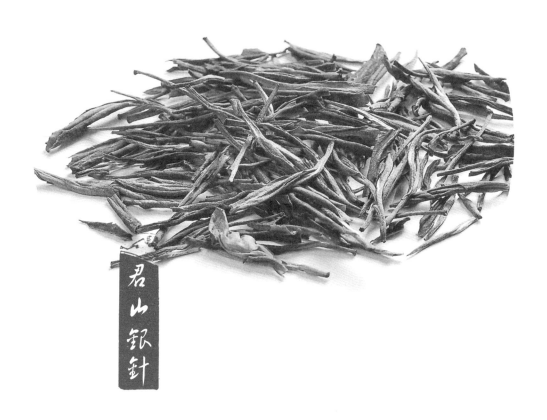

君山銀針

伍

黄茶的购买与冲泡

黄茶，是一次偶遇。炒青绿茶中的妙手偶得，造就了黄叶黄汤的魅力。饮黄茶，最爱黄茶舞，但见那细嫩的茶芽，根根竖立，时升时降，舞于杯中，充满了力量。几番沉浮，终归平静，融入茶汤，只留浓醇在口中。

黄茶是如何变黄的?

在制作炒青绿茶的过程中,在杀青、揉捻后,如果干燥不足或者不及时,茶叶颜色会变黄,这样制成的茶就叫黄茶。黄茶的加工工艺与绿茶基本类似,只是黄茶比绿茶多了一道闷黄的工序,使得黄茶与绿茶有了明显的区别。绿茶属于不发酵茶,黄茶属于轻微发酵茶。黄茶的特点是"黄叶黄汤"。

黄茶的代表品种有哪些?

黄茶是我国特有的茶类,黄茶的品种不多,只有安徽、四川、浙江、湖南和湖北等省有限的几个茶区生产,产量也很少。有些茶区的黄茶已经完全是绿茶制法。黄茶的代表品种有君山银针、霍山黄芽、蒙顶黄芽、霍山黄大茶等。

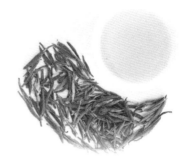

君山银针

黄茶是怎么分类的?

黄茶按照原料芽叶的嫩度和大小可分为黄芽茶、黄小茶和黄大茶三类。

黄芽茶的原料是细嫩的单芽或一芽一叶,主要包括君山银针、蒙顶黄芽、霍山黄芽等。黄小茶的原料是细嫩芽叶,主要包括北港毛尖、沩山毛尖、鹿苑毛尖、温州黄汤等。黄大茶的原料是一芽二叶至一芽五叶,主要包括霍山黄大茶、广东大叶青等。

霍山黄芽往往只有单芽

⑥ "黄叶黄汤"一定是黄茶吗?

虽然"黄叶黄汤"是黄茶的一大特点,但并不代表"黄叶黄汤"的就一定是黄茶。绿茶在加工过程中,如果操作不当,制作出来的茶叶也可能会有黄叶黄汤的现象,这种茶不能叫做黄茶,而属于劣等绿茶。

⑥ 如何辨别优质黄茶与劣质黄茶?

优质黄茶

干茶	茶汤	叶底
色泽金黄或者黄绿、嫩黄显毫	汤色黄绿明亮	嫩黄、匀齐

劣质黄茶

干茶	茶汤	叶底
色泽暗淡,不显毫	色泽黄绿,不透亮	发暗、不亮

⑥ 冲泡水温多高适宜?

黄茶最适宜用70℃左右的热水冲泡。如果冲泡水温过高,会破坏黄茶中的维生素等有效成分,降低茶汤的营养价值,并且还会使茶汤变得苦涩。

⑥ 适合用什么茶具冲泡?

品饮黄茶时,观其形非常重要。因此黄茶适合用无色透明玻璃杯冲泡,这样可以观察到茶芽在水中个个林立的景象。

玻璃杯中茶芽飞舞,时浮时沉,妙趣天成。

茶道·从喝茶到懂茶

君山银针

干茶
芽头肥壮，紧实挺直，满披白毫，色泽金黄光亮

茶汤
橙黄明净

香气
清纯

滋味
甜爽

叶底
嫩黄匀亮

🌀 君山银针的正宗产地在哪？

湖南省

岳阳市

君山银针产于湖南省岳阳市洞庭湖的君山，是黄茶中的珍品。

君山是一个小岛，全岛总面积不到一平方公里，与千古名楼岳阳楼隔湖相对。岛上土地肥沃，雨量充沛，竹木相覆，郁郁葱葱，春夏季湖水蒸发，云雾弥漫，这样的自然环境非常适宜种茶。

君山银针芽头茁壮，长短大小均匀，内呈橙黄色，外裹一层白毫，故得雅号"金镶玉"，又因茶芽外形很像一根根银针，故名君山银针。

🌀 什么时候买好？

君山银针一般在清明节前4天左右开采，最迟不超过清明节后10天。君山银针风格独特，且每年产量很少。君山银针刚上市时，价格都比较高。购买者应根据自身的需求和购买力，待价格合理时再购买。

⑥ 君山银针和白毫银针有什么区别？

君山银针   白毫银针

从茶叶分类上来说，君山银针属于黄茶类，而白毫银针属于白茶类。从外观上来看，君山银针的干茶芽壮挺直，满披白毫，色泽鲜亮，内呈橙黄色，而白毫银针的干茶挺直如针，白毫密披，色泽银灰。从茶汤上来区分，君山银针的汤色橙黄，香气高爽，滋味甜爽，而白毫银针的汤色杏黄明亮，香气清鲜，滋味醇厚回甘。

⑥ 怎样让君山银针喝起来不苦涩？

如果是用玻璃杯冲泡君山银针直接饮用，为了不让茶汤滋味苦涩，投茶量要少，这样能降低茶汤浓度。另外，茶叶冲泡好以后应尽快出汤饮用，避免因冲泡时间过长而导致茶汤变得苦涩。

⑥ 君山银针冲泡时为什么会三起三落？

将君山银针投入水中，由于茶芽吸水膨胀和重量增加不同步，会引起芽头比重瞬间变化。当最外层芽肉吸水，比重增大即下降，随后芽头体积膨大，比重变小则上升，继续吸水又下降，于是就有了三起三落的奇观。

茶芽上浮竖立时，状似鲜笋出土，吸水下沉时，犹如落花朵朵，最后茶芽落于杯底，又如刀枪林立。芽影汤色，相映成趣，伴以芳香，给人以美的享受。

⑥ 为什么冲泡君山银针时没有三起三落？

刚冲泡的君山银针并不会立即竖立悬浮在杯中，要等待3~5分钟，等茶芽完全吸水后，才会芽尖朝上，芽蒂朝下，上下浮动，三起三落，最后竖立于杯底。

⑥ 君山银针在家如何冲泡？

在家冲泡君山银针适合用直筒形无色透明的玻璃杯。冲泡方法如下：

1.将适量君山银针拨入茶荷中。

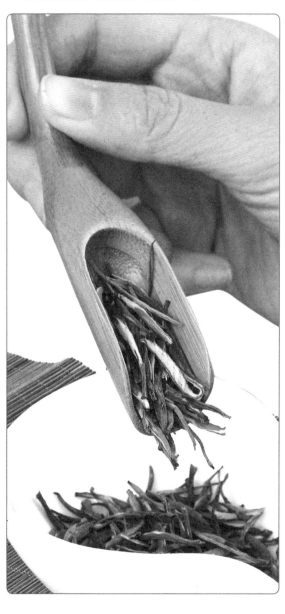

2.温烫杯具，将温烫玻璃杯的水倒入水盂中，擦干杯中的水珠（可以避免茶芽因吸水而降低茶芽竖立率）。

3.向杯中冲入70℃左右的热水至三
分满。

4.用茶匙将茶拨入玻璃杯中。

5.悬壶高冲水至七分满。

6.静观茶叶从水的顶部慢慢沉下去，
在水中伸展的姿态。

茶道：从喝茶到懂茶

霍山黄芽

干茶
条直微展，匀齐成朵，形似雀舌，嫩绿披毫

茶汤
黄绿，清澈明亮

香气
清香持久

滋味
鲜醇，浓厚回甘

叶底
黄绿嫩匀

霍山黄芽的正宗产地在哪?

安徽省

●霍山县

霍山黄芽产于安徽省西部大别山区的霍山县，以大化坪镇金鸡山和太阳乡金竹坪所产的品质最佳。

霍山黄芽为安徽历史第一茶，最早的记载见于西汉司马迁的《史记》，"寿春之山有黄芽焉，可煮而饮，久服得仙"。自唐至清，霍山黄芽历代都被列为贡茶。

霍山黄芽的开采期一般在谷雨前两三天，采摘刚刚展开的一芽一叶或一芽两叶，通过五道工序精制而成。

为什么如此出名?

霍山黄芽之所以如此出名，与其内在的优秀品质是分不开的。霍山黄芽的养生保健作用十分突出。

它的香气成分有46种之多，其中香叶醇含量比一般名茶多出5倍；同时，霍山黄芽还富含多种维生素、天然矿物质、茶多酚类化合物、植多糖及部分氨基酸，具有减肥瘦身、消热解暑、护齿明目、平衡人体酸碱、抗辐射、抗衰老、增强免疫力等多种保健功效。

⑥ 如何辨别真假霍山黄芽?

精品霍山黄芽，水分含量低。一般茶的含水量是6%，而霍山黄芽的含水量在5%左右，用手可以直接捻成粉状，而假冒的霍山黄芽则没有这么干燥。

霍山黄芽因产地和气候不同，香气也不尽相同，可分为清香、花香和熟板栗香。正宗的霍山黄芽必然是香

优质霍山黄芽

气高、气味正的。假冒的霍山黄芽往往没有这样的香气，即便有，香气也很淡薄、不纯正。

⑥ 冲泡霍山黄芽时应如何注水?

冲泡霍山黄芽的水温以70℃左右为宜，最好使用无色透明玻璃杯。先冲入少量热水润茶，让黄芽吸水膨胀，便于茶叶中有效成分的浸出。

之后注水时，让水从高处冲下，注水至七分满，让茶叶在水中上下翻滚，促使其营养成分快速浸出。

⑥ 霍山黄芽一般冲泡几次?

霍山黄芽一般冲泡三次即可。第一泡，品茶之醇香；第二泡茶香最浓，滋味最佳；第三泡时，茶味和香气都已经变淡。三泡之后，一般就不再饮了。

细嫩的芽叶，随着高冲的壶水，上下翻滚，妙趣横生。

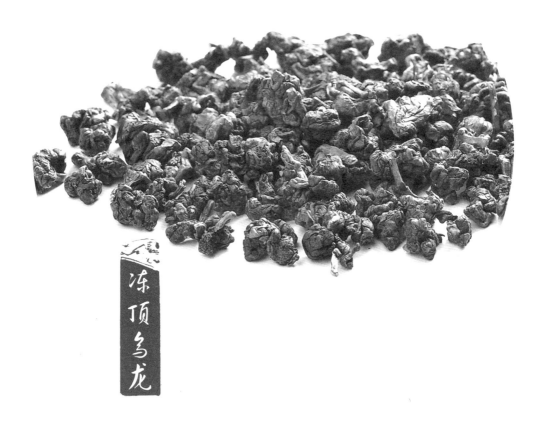

冻顶乌龙

陆

乌龙茶的购买与冲泡

『此茶只应天上有，人间哪得几回尝』用来形容乌龙茶，再妥帖不过了。乌龙茶的香气滋味可谓茶中佼佼者。它既有绿茶的清香甘甜，又有红茶的浓郁芬芳，似兰似梅，香气复杂，久久不散，让人不由自主地追随，想要寻个究竟。

⑥ 为什么乌龙茶又称青茶?

乌龙茶属于部分发酵茶,色泽青褐如铁,故又名青茶。叶体中间呈绿色,边缘呈红色,素有"绿叶红镶边"的美称。

乌龙茶结合了红茶和绿茶的制作优点,既有杀青又有发酵,鲜叶采摘要有一定的成熟度,所以乌龙茶看上去很粗老。乌龙茶有"苗条茶"之称,能助消化、利尿,瘦身减肥。乌龙茶还具有很强的抗过敏、抗癌症的养生功效。

安溪铁观音色泽青褐如铁

⑥ 乌龙茶的故乡是哪?

福建是乌龙茶的故乡,花色品种丰富,主要有铁观音、水仙、武夷肉桂、包种、黄金桂等。

乌龙茶是我国的特色茶,产区主要分布在福建省、广东省和台湾省。乌龙茶的加工技术是六大茶类中最复杂的,它结合了红茶和绿茶的制作优点,既有杀青又有发酵,鲜叶采摘要有一定的成熟度,所以乌龙茶看上去很粗老。

⑥ 乌龙茶有哪些代表?

乌龙茶的代表品种有安溪铁观音、冻顶乌龙、大红袍、铁罗汉、武夷肉桂、闽北水仙、永春佛手、黄金桂、凤凰单丛、白毫乌龙、文山包种等。

武夷肉桂的茶干看上去粗老,稍瘦,是乌龙茶的代表。

⑥ 乌龙茶是如何分类的？

闽北乌龙　　　　闽南乌龙　　　　广东乌龙　　　　台湾乌龙
铁罗汉　　　　　黄金桂　　　　　凤凰单丛　　　　冻顶乌龙

根据产地以及制茶工艺的不同，乌龙茶可分为闽北乌龙、闽南乌龙、广东乌龙、台湾乌龙。闽北乌龙包括铁罗汉、闽北水仙、大红袍、武夷肉桂等。闽南乌龙包括安溪铁观音、本山乌龙、黄金桂等。广东乌龙包括凤凰单丛、凤凰水仙、岭头单丛等。台湾乌龙包括冻顶乌龙、文山包种等。

⑥ 乌龙茶是如何制作的？

乌龙茶的加工技术是六大茶类中最复杂的，它的基本加工工艺包括日光萎凋（或晒青）、室内萎凋（或凉青）、摇青、杀青、初揉和包揉、干燥。

日光萎凋和室内萎凋的目的是除去部分水分，使叶内物质适度转化，达到适宜的发酵程度。

摇青是为了形成乌龙茶叶底独特的"绿叶红镶边"，以及乌龙茶独特的芳香。

杀青的目的是防止茶叶继续变红，稳定已形成的品质。初揉和包揉是将茶叶制成球形或条索形，同时渗出茶汁。

干燥是为了去除茶叶中的多余水分和苦涩味，使茶香高味醇。

"绿叶红镶边"的安溪铁观音叶底，是独特的摇青法造就的。

⑥ 乌龙茶的特点是什么？

乌龙茶的特点是"绿叶红镶边"，滋味醇厚回甘，既没有绿茶之苦涩，又没有红茶的浓烈，却兼取绿茶之清香，红茶的甘醇。

品饮乌龙茶有"喉韵"之特殊感受，武夷岩茶有"岩韵"，安溪铁观音有"音韵"。

⑥ 乌龙茶是不是茶梗越少越好？

乌龙茶的茶梗并非越少越好，相反，适当的茶梗才说明是好茶。乌龙茶采摘时一般选择二三叶，俗称"开面采"，开面采的茶制成之后，通常都会带有茶梗。茶梗的作用是当茶在走水的时候，醇厚度会提升。

另外，如果乌龙茶经过长时间较好保存，回甘会更好，陈香比较纯正。所以茶里有茶梗并不能作为评价乌龙茶好坏的一个重要标准，具体还要看乌龙茶的开汤情况。

⑥ 乌龙茶的茶汤有很多种颜色吗？

乌龙茶因为产地和品种不同，茶汤也有所不同。茶汤颜色从明亮的浅黄色、明黄色到非常漂亮的橙黄色、橙红色。干茶色越绿，发酵程度越轻，茶汤色越浅，反之干茶色越褐绿、褐红、乌润，茶汤色则越深。

干茶越绿汤越浅

干茶越褐汤越深

⑥ 冲泡乌龙茶需要润茶吗?

如今,乌龙茶在冲泡时一般都经洗茶,其余则不多见。其实,如不嫌麻烦,不妨润一润,只是润时一定要用热水,而不要用沸水。因沸水洗茶会散逸和流失茶的香气滋味,殊为可惜。

目前乌龙茶冲泡中往往不注意这一点,是未领悟其中之理。一般来说,乌龙茶第一次润茶的茶汤要倒掉,不喝。另外,冲泡乌龙茶要用100℃的开水,即五沸纯熟的水,而且冲泡前要温壶,冲泡后要淋壶,以保持壶内高温。

⑥ 冲泡乌龙茶为什么要用 100℃的开水?

乌龙茶一般使用生长期较长的成熟芽叶制成,冲泡时一般用量也较多。而且乌龙茶中所含芳香物质需要在高温下才能充分挥发。所以,冲泡乌龙茶一般以100℃的沸水最好。

⑥ 品饮乌龙茶的三忌是什么?

品饮乌龙茶有三忌,一是不能空腹喝乌龙茶,否则会感到饥饿,甚至头昏眼花,让人觉得想要呕吐;二是睡前不能喝乌龙茶,否则会使人难以入睡;三是乌龙茶凉了以后不能喝,乌龙茶冷后性寒,喝了以后会刺激肠胃,对肠胃不好。

⑥ 乌龙茶适合用什么茶具冲泡?

冲泡乌龙茶适宜用紫砂茶具或有盖的白瓷茶具,以便闻香和保香。

紫砂茶具的浓厚色泽最适合乌龙茶的陈香。

6 乌龙茶的福建泡法是什么?

福建人品尝乌龙茶有一套独特的茶具,讲究冲泡法,故被人称为"功夫茶"。如果细分起来可有近20道流程。其方法如下:

1.备具。

2.将茶壶、公道杯、品茗杯依次用清水冲洗。

3.用70~80℃热水温壶。将温壶水倒掉。

4.投茶。按茶与水的比例为1:30的量投茶。

5.冲入100℃沸水，满壶为止。

6.刮沫。用壶盖刮去泡沫。

7.淋壶。盖好后，用开水浇淋茶壶，喻为"孟臣淋霖"，既提高壶温，又洗净壶的外表。

8.关公巡城。经过两分钟，均匀巡回斟茶，喻为"关公巡城"。

9.韩信点兵。茶水剩少许后，则各杯点斟，喻为"韩信点兵"，以免淡浓不一。

乌龙茶冲水要高，让壶中茶叶流动促进出味，低斟则防止茶香散发，这叫"高冲低斟"。端茶杯时，宜用拇指和食指扶住杯身，中指托住杯底，喻为"三龙护鼎"。品饮乌龙，味以"香、清、甘、活"者为上，讲究"喉韵"，宜小口细啜。

⑥ 乌龙茶的广东潮汕泡法是什么？

在广东的潮州、汕头一带，人们钟情于用小杯细啜乌龙。

泡茶用水应选择甘冽的山泉水，而且必须做到沸水现冲。经温壶、置茶、冲泡、斟茶入杯，便可品饮，啜茶的方式更为奇特，先要举杯将茶汤送入鼻端闻香，只觉浓香透鼻。接着用拇指和食指按住杯沿，中指托住杯底，举杯倾茶汤入口，含汤在口中回旋品味，顿觉口有余甘。一旦茶汤入肚，口中"渍！渍！"回味，又觉鼻口生香，咽喉生津，"两腋生风"，回味无穷。这种饮茶方式，其目的并不在于解渴，主要是在于鉴赏乌龙茶的香气和滋味，重在物质和精神的享受。

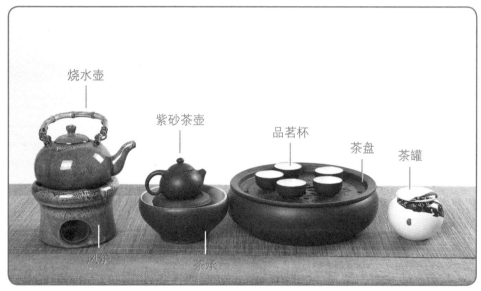

1.备具。将足量水烧至沸腾。

2.倒入热水温烫茶壶、品茗杯。

5.盖好壶盖，用热水浇淋茶壶，去沫。

6.烫杯滚杯。

3.从茶罐中取适量茶叶，倒入素纸，再
拨入茶壶。向杯中冲入70℃左右的热水
至满。

4.用壶盖刮去漂浮的白色泡沫。

7.关公巡城、韩信点兵。

⑥ 乌龙茶的台湾泡法是什么？

台湾泡法与闽南和广东潮汕地区的乌龙茶冲泡方法相比，突出了闻香这一程序，还专门制作了一种与茶杯相配套的长筒形闻香杯。另外，为使各杯茶汤浓度均等，还增加了一个公道杯相协调。

台湾冲泡法，温具、赏茶、置茶、闻香、冲点等程序与福建相似。斟茶时，先将茶汤倒入闻香杯中，并用品茗杯盖在闻香杯上。

茶汤在闻香杯中逗留15~30秒后，用拇指压住品茗杯底，食指和中指夹住闻香杯底，向内倒转，使品茗杯与闻香杯上下倒转。此时，用拇指、食指和中指撮住闻香杯，慢慢转动，使茶汤倾入品茗杯中。

将闻香杯送近鼻端闻香，并将闻香杯在双手的手心间，一边闻香，一边来回搓动。这样可利用手中热量，使留在闻香杯中的香气得到最充分的挥发。然后，观其色，细细品饮乌龙之滋味。如此经二至三道茶后，可不再用闻香杯，而将茶汤全部倒入公道杯中，再分斟到品茗杯中。

将品茗杯盖在闻香杯上。

1.洁具。依次刷洗茶壶、公道杯、闻香杯、品茗杯。再将品茗杯中水倒入茶盘。

2.置茶。取适量茶叶拨入茶荷，再拨入茶壶。

3.注水。冲入100℃沸水，至满壶为止。

4.刮沫。用壶盖刮去泡沫。

5.分茶。将茶汤全部倒入公道杯，再斟入闻香杯中。待闻香后再分斟到品茗杯中。

安溪铁观音

干茶

条索紧结卷曲重实，呈青蒂绿腹蜻蜓头状，色泽砂绿，叶表带白霜，有"美如观音重如铁"之称

茶汤

汤色金黄明亮

香气

馥郁持久，有花香

滋味

醇厚甘鲜，入口回甘带蜜味

叶底

肥厚明亮，具绸面光泽

安溪铁观音的正宗产地在哪？

福建省

安溪县

安溪铁观音产自福建省安溪县，是中国十大名茶之一。安溪在唐代已产茶。到明代茶产稍盛，《安溪县志》有"常乐、崇善等里货（指茶）卖甚多"的记载。安溪铁观音代表了闽南乌龙茶的风格，素有"茶王"之称。

为什么叫"铁观音"？

相传，清代乾隆年间，福建安溪魏荫虔诚信佛，每天以清茶一杯奉在观音大士前。

一天，魏荫上山砍柴，路过一座观音庙。他赶紧扣头跪拜，拜着拜着，魏荫只觉得眼前一片亮晶晶的，定神一看，庙前居然长着一株奇特的茶树，光照下，叶面闪闪发光，十分厚实、圆润。

魏荫想：莫非观音显灵，赐我茶树！于是，将其移栽于茶园。以后，魏荫用这株茶的叶片制成乌龙茶，色泽厚绿，重实如铁，香味特异。人们顺口称其为"重如铁"，后来得知魏荫的奇遇，遂改名为"铁观音"。

⑥ 如何简单快速鉴别安溪铁观音的优劣？

安溪铁观音的叶身沉重，可以取少量茶叶放入茶壶，可闻"当当"之声，其声清脆为上，声哑者为次。

此外，好的安溪铁观音会有天然馥郁的兰花香，因为铁观音茶山同时也有兰花生长，茶叶在生长过程中吸收了兰花的香味。

上等的安溪铁观音冲泡后的茶汤，汤色金黄，浓艳而清澈，茶香高而持久，且伴有兰花香，可谓"七泡有余香"。

⑥ 初学者适合用什么茶具冲泡安溪铁观音？

用盖碗冲泡铁观音的优点是简单、易操作，缺点是瓷器传热快，容易烫手，建议初学者还是用紫砂壶冲泡为宜。用紫砂壶泡茶，香味醇和，保温性好，无熟汤味，能保茶真髓，最能展现茶味特色。铁观音比较耐冲泡，一般可冲泡3~5次。

⑥ 为什么品饮安溪铁观音要选用香橼小杯？

品饮安溪铁观音时，宜选用香橼小杯，而一般不使用较大的品茗杯。乌龙茶宜以小杯分三口以上慢慢细品。乘热细啜，先嗅其香，后尝其味，边啜边嗅，浅斟细饮。饮量虽不多，但能齿颊留香，喉底回甘，别有情趣。

⑥ 安溪铁观音在家如何冲泡？

在家用盖碗冲泡安溪铁观音的具体方法如下：

1.将足量水烧至沸腾。将适量铁观音拨入茶荷。

2.倒入热水温烫盖碗，将盖碗中的水倒入公道杯中，再将水倒入品茗杯中，温杯。

3.用茶匙将茶拨入盖碗中, 拨茶量为盖
碗的1/5。

5.高冲水, 冲水时必须充满盖碗至茶
汤刚溢出杯口。

6.用杯盖刮去杯口漂浮的白色泡沫。

4.将开水冲入盖碗中, 并迅速倒入公道
杯, 再将公道杯中的水倒入品茗杯, 并
将杯中的水倒入茶盘。

7.将泡好的茶汤倒入公道杯。用公道杯
巡回分茶。

茶道

从喝茶到懂茶

大红袍

干茶
条索紧结，色泽褐润

茶汤
橙黄明亮

香气
馥郁有兰花香，香高而持久

滋味
醇厚回甘，"岩韵"明显

叶底
红绿相间，有典型的"绿叶红镶边"

🌀 大红袍的正宗产地在哪？

福建省

武夷山

大红袍产于福建武夷山，是武夷岩茶中品质最优异者。"大红袍"生长在武夷山九龙窠高岩峭壁上，岩壁上至今仍保留着1927年天心寺和尚所作的"大红袍"石刻。

这里日照短，多反射光，昼夜温差大，岩顶终年有细泉浸润流滴。大红袍茶树现有6株，都是灌木茶丛，叶质较厚，芽头微微泛红，阳光照射茶树和岩石时，岩光反射，红灿灿十分显目。

目前市面上的大红袍为母树无性繁殖，其品质与母树是一样的。

🌀 为什么叫"大红袍"？

"大红袍"的来历，传说是天心寺和尚用九龙窠岩壁上的茶树芽叶制成的茶叶，治好了一位皇官的疾病，这位皇官将身上穿的红袍盖在茶树上以表感谢之情，红袍将茶树染红了，"大红袍"茶名由此而来。

⑥ 大红袍最突出的品质是什么？

大红袍品质最突出之处是香气馥郁，有兰花香，香高而持久，"岩韵"明显。大红袍很耐冲泡，冲泡七八次仍有香味。品饮大红袍茶，必须按"工夫茶"小壶小杯细品慢饮的程序，才能真正品尝到岩茶之巅的韵味。

⑥ 什么是岩茶的"岩韵"？

茶之韵味，主要指"喉韵"。品饮好茶，茶汤香味给人以齿颊留香，舌本甘润，醇厚鲜爽，回味悠长的感觉。岩茶喉韵称"岩韵"，岩韵锐则浓长，清则幽远，滋味浓而愈醇，鲜滑回甘。所谓"品具岩骨花香之胜"即指此意境。

⑥ 现在市场上的大红袍是真的吗？

大红袍茶并非九龙窠仅有。在今天，人们运用无性繁殖的方式，已成功地发展了数百亩与母树同样性状特征的大红袍茶。

只要具备与母本同样的性状特征，不管是二代、三代，甚至二十代，都与母本具有同样的品种意义。

因此，所有从母本繁殖的大红袍茶，都是真的大红袍茶。目前市面上的大红袍为母树无性繁殖，其品质与母树是一样的。

以白色瓷杯冲泡，小杯细品，才能尝到真正的岩茶之巅的韵味。

6 大红袍在家如何冲泡？

在家用紫砂壶冲泡大红袍的具体方法如下：

1.将适量大红袍拨入茶荷。

2.用沸水温紫砂壶。将温壶的水倒入公道杯中，温公道杯。再将公道杯中的水倒入品茗杯中，温杯。

3.将茶漏放在壶口处，用茶匙将大红袍拨入壶中。

4.倒入半壶开水，并迅速将水倒入公道杯中。将公道杯里的水倒入水盂中。

5.将水沿壶边缘冲入壶中。要冲满紫砂壶，直到茶汤刚刚溢出壶口。

6.用壶盖刮去壶口的浮沫，盖好壶盖。

7.将温杯的水倒入水盂中，将品茗杯放回杯托上。

8.淋壶后约30秒，将泡好的茶汤倒入公道杯中。

9.将公道杯中的茶汤分到每个品茗杯中。

茶道……从喝茶到懂茶

冻顶乌龙

干茶
条索紧细弯曲，呈半球形，色泽墨绿鲜艳，带蛙皮点

茶汤
汤色橙黄

香气
内质香气清芳、似桂花

滋味
醇厚，回甘力强

叶底
红边淡绿

✺ 冻顶乌龙的正宗产地在哪？

冻顶乌龙被誉为"台湾茶中之圣"，产于我国台湾省南投县鹿谷乡凤凰山支脉的冻顶山上。产地海拔700米左右，土壤富含有机质，年平均气温20℃左右，环境十分优越。

✺ "冻顶"是什么意思？

冻顶乌龙产自我国台湾省鹿谷附近的冻顶山。据说此处山脉迷雾多雨，山陡路险，崎岖难走，上山去的人都要绷紧足趾(台湾省俗语称为"冻脚尖")才能上山，所以此山被称为冻顶山。冻顶乌龙的产品等级分为特选、春、冬、梅、兰、竹、菊。

冻顶乌龙墨绿的光泽，琥珀色的茶汤，观之即觉心中舒畅。

⑥ 冻顶乌龙的冬茶好吗？

冻顶乌龙的采摘原料为青心乌龙等良种芽叶，以人工手采为主，一般于谷雨前后采对口二、三叶茶青，一年可采4~5次。春茶醇厚，冬茶香气高扬，品质上乘，秋茶次之。

⑥ 冻顶乌龙如何制作？

冻顶乌龙的加工流程为日光萎凋，室内萎凋及搅拌，炒青，揉捻，解块，初干或初焙，团揉及复炒，再干或复焙。其中室内萎凋及搅拌，是冻顶乌龙品质形成的关键工序。

⑥ 冻顶乌龙属于包种茶吗？

冻顶乌龙名为乌龙，实为包种。冻顶乌龙品质甚佳，外形弯曲紧结，香高味醇，汤色橙黄，为我国台湾省极有名的茶叶，依品质优次，又分本山冻顶乌龙和一般冻顶乌龙两种。

包种茶属乌龙茶类，产自我国台湾省。包种茶是目前中国台湾省生产的乌龙茶类中数量最多的一种。它的发酵程度在乌龙茶类中最轻。

包种茶按外形的不同，可分为两类：一类是条形包种茶，以文山包种茶为代表，另一类是半球形包种茶，以冻顶乌龙茶为代表。素有"北文山、南冻顶"之美誉。

冻顶乌龙是半球形的包种茶，边缘隐隐金黄色。

137

⑥ 冻顶乌龙在家如何冲泡？

在家用紫砂壶冲泡冻顶乌龙的具体方法如下：

1.向壶中注入烧开的沸水温壶、温公道杯、温闻香杯及品茗杯。

2.将茶漏放在壶口，用茶匙将茶拨入茶壶中。

3.冲水入壶。迅速将水倒入公道杯中。

4.冲水入壶至茶汤溢出。

5.用壶盖刮去壶口处的浮沫，盖好壶盖。

6.用公道杯内的茶汤淋壶。

7.用茶夹温闻香杯后，将水倒入品茗杯，再将温品茗杯的水倒入茶盘，用茶巾拭净，并放回原处。

8.淋壶后约30秒将茶汤倒入公道杯中，倒净茶汤。

9.将公道杯内的茶汤均匀分到每个闻香杯中。将品茗杯扣到闻香杯上。

10.双手食指抵闻香杯底,拇指按住品茗杯快速翻转。

11.双手持杯托将泡好的茶奉给客人。

12.拿起闻香杯,双手搓动闻香杯闻香。

13.品饮。

文山包种

干茶
紧结，叶尖弯曲，色泽深绿，呈青蛙皮色

茶汤
明亮，竹黄色

香气
兰花香

滋味
甘醇滑润

叶底
青绿微红边

⑥ 文山包种的正宗产地在哪？

文山包种茶历史悠久，主要产自我国台湾省台北市，是台湾北部茶类的代表。以台北文山地区所产制的品质最优、香气最佳，故习惯上称为"文山包种"。清光绪初年，为向宫廷进贡，将四两茶叶用两张方形毛边纸内外相衬包成四方包，以防茶香外溢，外盖茶名及行号印章，后光绪帝对此茶赐封为"包种"。

文山包种茶贵在开汤后香气特别浓郁，入口滋味甘润、清香，齿颊留香，久久不散，具有香、浓、醇、韵、美的特色。素有"露凝香""雾凝春"的美誉，被誉为茶中珍品。如果您想要那种飞扬奔放、激越愉快的感觉，那就喝文山包种茶。

⑥ 包种茶的品质特点是什么？

包种茶的品质特点：茶条索卷绉曲而稍粗长，外观深绿色，带有青蛙皮般的灰白点，干茶具有兰花清香。

冲泡后，茶香芬芳扑鼻，汤色黄绿清澈。茶汤滋味有过喉圆滑甘润之感，回甘力强。具有"香、浓、醇、韵、美"五大特色。包种茶因其具有清香、舒畅的风韵，所以又被称为"清茶"。

⑥ 武夷肉桂的正宗产地在哪？

福建省

武夷山

　　武夷肉桂产自福建省武夷山。武夷肉桂又称玉桂，因为香气滋味类似于桂皮香而得名。武夷肉桂属于武夷岩茶，武夷岩茶是对产于武夷山的乌龙茶的总称。武夷岩茶的主要品种有大红袍、白鸡冠、水仙、肉桂等。

⑥ 是因为有"肉桂"味道而得名的吗？

　　是的。武夷肉桂由于它的香气滋味似桂皮香，所以在习惯上被称为"肉桂"，是武夷岩茶名丛之一。武夷肉桂具有岩茶所特有的"岩韵"，其味感特别醇厚，且能长留舌，回味持久深长。

　　除此之外，更有辛锐持久的高品种香，因而备受人们喜爱。据专家评定，肉桂的桂皮香明显，佳者带乳味，香气久泡犹存，冲泡六七次仍有"岩韵"的肉桂香。

陆 · 乌龙茶的购买与冲泡

武夷肉桂

干茶
紧结壮实，条索匀整卷曲；色泽褐禄，油润有光，部分叶背有青蛙皮状小白点

茶汤
清澈橙黄

香气
具奶油、花果、桂皮般的香气

滋味
醇厚回甘

叶底
匀亮，红镶边

茶道
:从喝茶到懂茶

铁罗汉

干茶
条形壮结、匀整，绿褐鲜润

茶汤
清澈，深橙黄色

香气
馥郁悠长，花香

滋味
醇厚

叶底
软亮，叶缘朱红

铁罗汉的正宗产地在哪？

福建省

武夷山

　　铁罗汉为千年古树，稀世之珍，产于闽北"秀甲东南"的名山武夷。目前仅存4株，由岩缝渗出的泉水滋润，不施肥料，生长茂盛，树龄已达千年。至今武夷山天心岩下永乐禅寺之西的九龙窠陡峭绝壁上，仍刻有朱德题的"铁罗汉"三字。

　　铁罗汉是武夷岩茶中最早的名丛，唐代已栽制铁罗汉叶，宋代列为皇家贡品，元代在武夷山九曲溪之畔设立御铁罗汉园，专门采制贡铁罗汉，明末清初创制了乌龙铁罗汉。

　　铁罗汉树生长在慧苑岩的鬼洞中，树木生长茂盛，极其壮观。每月5月中旬开始采摘，以二叶或三叶为主，色泽绿里透红，清香回甘之味乃是铁罗汉的一大特色。

⑥ 闽北水仙的正宗产地在哪？

福建省

南平市

闽北水仙原产于百余年前闽北之建阳县水吉乡大湖村一带，现主要产区位于福建省南平市的建瓯、建阳两地。闽北水仙是武夷山的传统名茶，得山川清淑之气，茶质美而味厚，品质别具一格。

武夷山茶区，素有"醇不过水仙，香不过肉桂"的说法。水仙的醇，一是有明显的甘、鲜感，二是有很强的滑爽感，最重要的是留味长久。品过一杯水仙茶，那种美好的茶香滋味会在齿颊间保留相当一段时间，挥散不去。

如今闽北水仙的产量已占闽北乌龙茶的60%~70%，具有举足轻重的地位。

陆 · 乌龙茶的购买与冲泡

闽北水仙

干茶
条索紧结，色泽砂绿

茶汤
橙黄清澈

香气
浓郁清醇，悠长似兰花

滋味
味浓醇厚，回味甘爽

叶底
黄绿，显红边

永春佛手

干茶
条紧结肥，卷曲，色泽砂绿乌润

茶汤
橙黄清澈

香气
馥郁幽芳

滋味
滋味芳醇，生津甘爽

叶底
柔底黄亮

ᕙ 永春佛手的正宗产地在哪？

福建省

永春县

永春佛手的正宗产地位于福建省泉州市的永春县。永春佛手始于北宋，相传是安溪县骑虎岩寺一和尚，把茶树的枝条嫁接在佛手柑上，经过精心培植而成。其法传授给永春县狮峰岩寺的师弟，附近的茶农竞相引种至今。

永春佛手具有降血压、降血脂、软化血管等功效。常饮佛手茶可减肥，止渴消食，除痰，明目益思，除火去腻。

闽南一带的华侨不仅将其作茗茶品饮，还经年贮藏，以作清热解毒、帮助消化之药。赞其"西峰寺外取新泉，啜饮佛手赛神仙；名贵饮料能入药，唐人街里品茗篇。"

ᕙ 因何而得名？

永春佛手茶的叶片和佛手柑的叶子极为相似，而且冲泡后散出如佛手柑所特有的奇香，因此以佛手命名。

✿ 黄金桂的正宗产地在哪？

福建省

安溪县

黄金桂的正宗产地位于福建省安溪县。黄金桂又称黄金贵、透天香，原产于福建省安溪县虎邱镇美庄村灶坑角落（原称西坪区罗岩乡），属乌龙茶类。

黄金桂是用黄旦茶树品种的鲜叶制成。黄金桂因其汤色金黄、有奇香似桂花，故名黄金桂。该茶香气特高，售价亦高，市场上也有称其为"黄金贵"的。

黄金桂有"一早二奇"之誉。早，是指萌芽早，采制早，上市早。奇是指成茶的外形"细、匀、黄"，条索细长匀称，色泽黄绿光亮；内质"香、奇、鲜"，即香高味醇，奇特优雅，因而素有"未尝清甘味，先闻透天香"之称。

黄金桂

干茶
条索紧细，色泽润亮

茶汤
金黄明亮

香气
幽雅鲜爽，带桂花香

滋味
醇细鲜爽

叶底
中央黄绿，边朱红

茶道
：：从喝茶到懂茶

凤凰单丛

干茶
条索紧直，黄褐油润

茶汤
清澈，金黄明亮

香气
有天然花香

滋味
浓醇鲜爽，润喉回甘

叶底
绿叶红镶边

⑥ 凤凰单丛的正宗产地在哪？

潮安县 ●

广东省

凤凰单丛茶产于广东潮安县凤凰山，茶树的单株形态和品味各具特色，自成一系。因其需要单株采摘、单株制作加工、单株包装贮藏、单株作价销售，故得名"凤凰单丛"。民间还流传着"宋帝路经乌崇山，口渴难忍，山民献红茵茶汤，饮后，称赞是好茶"的故事。

凤凰单丛茶有"形美，色翠，香郁，味甘"四绝，耐冲耐泡，有提神益思、生津止渴、消滞去腻、减肥美容、防癌症、抗衰老、降血脂等功效，深受茶人的好评，被誉为"岭南小乔"。

一般而言，好的凤凰单丛茶颜色黄褐，偏黑者次之。春冬两季单丛最好，尤以春茶叶底柔软细腻、茶香浓郁为最佳；夏秋茶次之。

⑥ 白毫乌龙的正宗产地在哪？

白毫乌龙产自我国台湾省新竹县、苗栗县。白毫乌龙又名"膨风茶"。由于白毫乌龙茶是采幼嫩芽叶制成，含丰富的氨基酸，所以茶汤滋味甘甜润口。又由于采重发酵处理，儿茶素一半以上几乎被氧化，所以不苦不涩。

高质量的白毫乌龙茶应具显著的天然熟果香和蜂蜜般的滋味，入口后立即感觉一股清甜芳香的气息萦绕两颊。以具有多量白毫芽尖者为极品。

待茶汤稍冷时，滴入一点白兰地等浓厚的好酒，可使茶味更加浓醇，以此被誉为"香槟乌龙"。

百余年前，白毫乌龙传至英国皇室时，维多利亚女王感受其茶味与茶叶舒展开后形貌的雅丽，而将其命名为"东方美人"。

白毫乌龙发酵程度偏高，不同于一般的乌龙茶，更像红茶，格外喜庆诱人。

白毫乌龙

干茶
茶芽肥大，白毫明显，色泽鲜艳，红、白、黄、绿、褐相间

茶汤
金黄明亮

香气
幽雅鲜爽，带桂花香

滋味
醇细鲜爽

叶底
干净整齐，色泽偏红

正山小种

柒

红茶的购买与冲泡

若说绿茶的美如水墨般清淡，需要细细品味，那么红茶的美绝对是色彩浓郁的油画，让人眼前一亮，印象深刻。红茶的艳丽、红亮，最适合用白瓷盖碗来衬托，仿若一颗玛瑙石，美不胜收。

红茶为什么又称 "black tea"？

红茶在英语中的名称为 "black tea"，而不是 "red tea"。之所以有这种称呼上的差异，据说是因为西方人相对注重茶叶的颜色，而中国人相对注重茶汤的颜色。

英国川宁红茶

红茶的主要产区在哪？

在我国范围内，红茶的主要产区集中分布在海南、广东、广西、福建、湖南、湖北、中国台湾省以及安徽、浙江等地。世界范围内，生产红茶的国家主要有中国、斯里兰卡、印度、印度尼西亚和肯尼亚。

印度大吉岭红茶

红茶是如何制作的？

红茶属于全发酵茶类，其制作工艺分为萎凋、揉捻、发酵和干燥四道工序。

萎凋是通过晾晒，使鲜叶损失部分水分，增强茶的酶活性，同时使叶片变柔韧，便于造型。

揉捻使茶容易成形，并增进色香味浓度。同时，由于叶细胞被破坏，便于在酶的作用下进行必要的氧化，利于发酵的顺利进行。

发酵使多酚类物质在酶促作用下产生氧化聚合作用，形成红叶红汤的独特品质。

干燥蒸发水分，缩小体积，固定外形，保持干度以防霉变。

⑥ 我国红茶的代表品种有哪些？

我国红茶的代表品种有祁门工夫、滇红工夫、政和工夫、坦洋工夫、九曲红梅等。

⑥ 红茶是怎样分类的？

根据制作方法的不同，我国红茶可分为小种红茶、工夫红茶和红碎茶。

小种红茶包括正山小种、烟小种等。工夫红茶包括祁门工夫、滇红工夫、宜红工夫、川红工夫、闽红工夫、湖红工夫、越红工夫等。红碎茶包括叶茶、碎茶、片茶、末茶等。

⑥ 鉴别红茶优劣的两个感官指标是什么？

鉴别红茶优劣的两个重要感官指标是"金圈"和"冷后浑"。茶汤贴茶碗一圈金黄发光，称"金圈"。"金圈"越厚，颜色越金黄越亮，红茶的品质就越好。所谓"冷后浑"是指红茶经热水冲泡后茶汤清澈，待冷却后出现浑浊现象。"冷后浑"是茶汤内物质丰富的标志。

⑥ 好的小种红茶是什么样的？

好的小种红茶的特点是外形条索肥实，色泽乌润，泡水后汤色红浓，呈糖浆状的深金黄色，香气高长，带松烟香，滋味醇厚，带有桂圆汤味，叶底厚实光滑，呈古铜色。

⑥ 究竟是"工夫"还是"功夫"？

红茶中有不少叫"工夫茶"，也经常碰到"功夫茶"。实际上，"功夫茶"并非一种茶叶或茶类的名字，而是一种泡茶的技法。之所以叫功夫茶，是因为这种泡茶的方式极为讲究，操作起来需要一定的功夫，功夫乃沏泡的学问、品饮的功夫。而"工夫茶"，是指制茶，即一种制茶工艺，比较耗费时间和精力。

⑥ 怎么鉴别工夫红茶的优劣?

优质工夫红茶

劣质工夫红茶

	优质工夫红茶	劣质工夫红茶
干茶	条索紧细、匀齐，色泽乌润，富有光泽	条索粗松、匀齐度差，色泽不一致，有死灰枯暗的茶叶
茶汤	汤色红艳，茶汤边缘有金黄圈，香气馥郁，滋味醇厚	汤色欠明或深浊，香气不纯或低闷，带有青草气味，滋味苦涩或粗淡
叶底	叶底明亮	叶底花青或深暗多乌条

⑥ 什么是红碎茶?

红碎茶是茶叶揉捻时，用机器将叶片切碎呈颗粒形碎片，因外形细碎，故称红碎茶。

红碎茶是国际茶叶市场上的大宗产品，目前占世界茶叶总出口量的80%左右。印度是红碎茶出产和出口最多的国家。红碎茶已有百余年的产制历史。

⑥ 红茶茶汤是什么样的？

红茶汤色红亮鲜明，这是因为经过完全发酵，茶叶中的物质已经完全氧化，变成茶黄素、茶红素等物质的缘故。红茶滋味浓厚鲜爽，醇厚微甜，有熟果香、桂圆香、烟香。红茶和牛奶调饮，奶香和茶香可以很好地融合，口感柔嫩滑顺。

⑥ 为什么红茶更适合清饮？

红茶既适于杯饮，也适于壶饮法。红茶品饮有清饮和调饮之分。清饮，即不加任何调味品，使茶叶发挥应有的香味。清饮法适合于品饮工夫红茶，重在享受它的清香和醇味。

清饮红茶

⑥ 红茶一般怎么冲泡？

一般来说，冲泡红茶宜选用紫砂、白瓷、红釉瓷、暖色瓷的茶具或咖啡壶具。如果是高档红茶，那么，以选用白瓷杯为宜，以便察颜观色。

冲泡红茶的适宜水温为95℃以上的沸水，投茶量为茶与水的比例为1：50（1克茶叶，冲50毫升热水）。另外还可以依个人口味，向红茶中调入适量的糖、牛奶、柠檬、蜂蜜或果汁等来调味。红茶通常可以冲泡3次。

白瓷观色

⑥ 怎么调制牛奶红茶？

很多年轻人喜欢饮用美味可口的牛奶冲泡红茶。

配制方法如下：先将适量红茶放入茶壶中，茶叶用量比清饮稍多些，然后冲入热开水，约5分钟后，从壶嘴倒出茶汤放在咖啡杯中。如果是袋装红茶，可将一袋茶连袋放在咖啡杯中，用热开水冲泡5分钟，弃去茶袋。然后往茶杯中加入适量新鲜牛奶和方糖，牛奶用量以调制成的奶茶呈橘红或黄红色为度。奶量过多，汤色灰白，茶香味淡薄；奶量过少，失去奶茶风味。糖的用量因人而异，以适口为度。

橘红色是牛奶红茶比例合适的表现。

祁门红茶

干茶
外形条索紧细秀长，金黄芽毫显露，锋苗秀丽，色泽乌润

茶汤
红艳明亮

香气
清香持久，有甜花香，似苹果与兰花香味

滋味
醇厚

叶底
嫩软红亮

⑥ 祁门红茶的正宗产地在哪？

安徽省

祁门县

祁门红茶简称祁红，产于安徽省祁门县。祁门红茶以高香著称，具有独特的清鲜持久的香味，独树一帜，在国际市场上被称为高档红茶。

祁门红茶从1875年创制，主要为出口欧洲，深受当时欧洲上流社会的追捧。1915年巴拿马万国博览会上，祁门红茶获得博览会金奖，载誉归来。如今，祁门红茶与阿萨姆红茶、大吉岭红茶、锡兰高地红茶一起，被列为世界四大知名红茶。

祁红色泽乌黑中微带一点灰色，被誉为"宝光"。冲泡以后，汤色明亮红润，香气馥郁，回味绵长。由于加工工艺的不同，还可以品尝出蜜糖香、花香和果香等不同的香味，被称为"祁门香"。

主产地和次产地的祁门红茶有什么区别?

祁门红茶有主产地和次产地之
分,主产地安徽祁门的红茶色泽乌润,
口感滑润,香气高,有祁门红茶独有
的香气,次产地的红茶乌润度较差且
涩味较重,含有明显的青草气。

主产地安徽祁门的红茶

拿到祁门红茶的第一件事是什么?

祁门红茶是世界公认的三大高香茶之一,因此祁门红茶到手,先要闻香。

怎么鉴别祁门红茶的真假?

祁门红茶的真假可以从产地、外观、茶汤三个方面来鉴别:

产地:祁门红茶只产于安徽省祁门县,其他产地的都不是祁门红茶。

外观:祁门红茶的外形整齐、茶叶长为0.6~0.8厘米,干茶呈棕红色,色泽有
点暗;假的祁门红茶外形大多参差不齐、颜色鲜红。

茶汤:祁门红茶茶汤颜色红艳明亮,滋味醇厚、鲜爽,有独特的似花、似果、
似蜜的"祁门香",香气持久;假的祁门红茶一般都经过人工染色,茶汤颜色虽然
很红,但是不透明,且滋味苦涩淡薄,香气低闷。

祁门红茶的出汤时间是多久?

冲泡祁门红茶时,要泡上2~3分
钟,不要冲入热水后立刻出汤。

冲泡祁门红茶不要心急,
静待2~3分钟,便能等到
一份红艳的热情。

⑥ 祁门红茶在家如何冲泡?

在家冲泡祁门红茶的具体方法如下:

1.向壶中注入烧沸的开水温壶,将温壶的水倒入公道杯后,再倒入品茗杯。

2.用茶匙将茶荷中的茶拨入茶壶中。

3.向壶中注入少量开水,快速倒入水盂中。

4.直接冲水至满壶,泡2~3分钟。

5.用茶夹夹取品茗杯温烫品茗杯,将温杯的水倒入水盂中。

6.将泡好的茶汤倒入公道杯中,倒净茶汤。

7.将公道杯中的茶汤分到各个品茗杯中。

茶道：从喝茶到懂茶

九曲红梅

干茶
外形弯曲细紧如钩，披满金色的绒毛，色泽乌润

茶汤
汤色红艳明亮

香气
香气清高、鲜嫩馥郁

滋味
清鲜、嫩爽回甘

叶底
叶底完整、柔软红亮

⑥ 九曲红梅的正宗产地在哪？

福建省

武夷山

　　九曲红梅简称"九曲红"，源于福建武夷山的九曲溪，因其色红香清如红梅，故称九曲红梅，滋味鲜爽、暖胃。九曲红梅产于杭州西湖区双浦镇的湖埠、上堡、大岭、张余、冯家、灵山、社井、仁桥、上阳、下阳一带。

　　湖埠大坞山所产的九曲红梅品质最佳，以"细、黑、匀、曲"见长，堪称一绝；上堡、大岭、冯家、张余一带所产称"湖埠货"，居中；社井、上阳、下阳、仁桥一带的称"三桥货"，居下。

　　大坞山高500多米，山顶为一盆地，沙质土壤，土质肥沃，四周山峦环抱，林木茂盛，遮风避雪，掩映烈阳；地临钱塘江，江水蒸腾，山上云雾缭绕，适宜茶树生长和品质的形成。九曲红梅茶生产已有近200年历史，1886年还曾荣获巴拿马世界博览会金奖。

⑥ 政和工夫的正宗产地在哪?

福建省

政和县

政和工夫为福建红茶中最具高山特色的条形茶。以政和县为主产区,茶园多开辟在缓坡处的森林旧地,土层肥沃,茶树生长繁茂。

政和工夫选用政和大白茶和小叶种两个树种。以大白茶树鲜叶制成之大茶,毫多味浓,为闽北工夫之上品。以小叶种制成之小茶,香气高似祁红。

政和工夫茶历史悠久,早在宋徽宗政和五年(公元1115年),政和芽茶被选作贡茶,喜动龙颜,徽宗皇帝将政和年号赐作县名,政和县由此得名。清光绪十五年(1889年),政和工夫成为闽红三大工夫茶之首。

一百多年来,政和工夫历久不衰,蜚声于国内外,畅销俄罗斯、东南亚、美欧等国和地区,曾获巴拿马万国博览会金奖等多项奖。在19世纪中叶,产量达数万余担。在欧洲,喝红茶的人几乎没有不知"政和工夫"的。

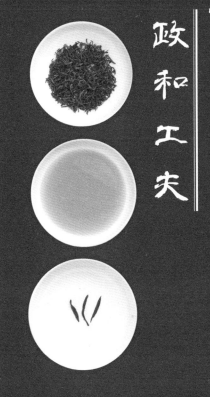

柒·红茶的购买与冲泡

政和工夫

干茶
外形紧结圆实,条索肥壮,色泽乌润

茶汤
汤色红艳

香气
香气高长带松烟香

滋味
滋味醇厚,带有桂圆汤味

叶底
肥厚红亮

茶道

······从喝茶到懂茶

坦洋工夫

干 茶
紧结秀丽、肥嫩紧细、毫显、多峰苗，
乌黑油润

茶 汤
红艳、清澈、明亮

香 气
香气醇厚，有桂花香

滋 味
滋味甜香浓郁

叶 底
柔软红亮

坦洋工夫的正宗产地在哪？

福建省

福安市

　　坦洋工夫红茶是福建省三大工夫红茶之一，主要产自福建省福安市。

　　坦洋工夫曾以产地分布最广，产量、出口量最多而名列"闽红"之首。坦洋工夫红茶相传于清咸丰、同治年间（1851~1874年），由福安市坦洋村人试制成功，迄今已有100多年。19世纪，红茶在英国流行，"坦洋工夫"以其高贵品质征服英伦三岛，成为英国皇室的专用茶叶。

明前坦洋工夫茶是什么样的？

　　坦洋工夫明前茶，采取的是春茶中的嫩芽，揉捻成精致的外形。

　　好的坦洋工夫明前茶，其条索圆紧匀秀，芽毫金黄；色泽乌黑油润，有光泽；汤色红艳、清澈、明亮；滋味清鲜、甜和、爽口；香气醇厚，有桂花香；叶底红亮匀整。

🌀 正山小种的正宗产地在哪?

福建省

武夷山

正山小种产于福建省武夷山市星村镇桐木关一带。正山小种红茶是世界红茶的鼻祖,后来在正山小种的基础上发展出了工夫红茶。

🌀 正山小种的茶叶中有梗叶的好吗?

高档正山小种的条索粗壮紧实,色泽乌润均匀有光,净度好,不含梗片,干嗅有一股浓厚顺和的桂圆香。

越低档的小种红茶,其条索也越趋松大,色泽渐失乌润至枯暗,梗片也渐多。因此购买正山小种时,应尽量选择梗叶少的。

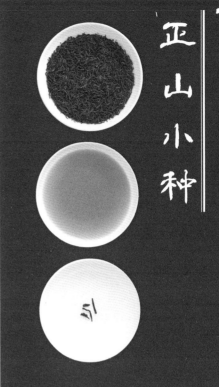

柒·红茶的购买与冲泡

正山小种

干茶
条索肥壮紧结,色泽褐润中带着点点金芒

茶汤
汤色红艳发黄,通透明亮,胶质感强

香气
特殊的松脂香和桂圆干香

滋味
滋味醇厚,甘滑爽口,不苦不涩,回甘持久

叶底
叶底肥软,呈古铜色

茶道
…从喝茶到懂茶

C.T.C 红碎茶

干茶
外形呈小颗粒状，重实、匀整，色泽
棕红、乌润、匀亮

茶汤
汤色红艳

香气
香气甜醇

滋味
鲜、爽、浓、强

叶底
红艳匀齐

⑥ C.T.C 红碎茶的正宗产茶地在哪？

云南省

西双版纳

"C.T.C 红碎茶"是"大渡岗 C.T.C 红碎茶"的简称。C.T.C 红碎茶产于云南西双版纳大渡岗茶厂，适宜做成袋泡茶，非常适合冲泡后与牛奶、糖、柠檬等调匀成奶茶或柠檬红茶。C.T.C 红碎茶是经全发酵后切碎的茶，茶叶浸出较快较彻底，一般不宜反复冲泡。

⑥ 红碎茶起源于哪里？

红碎茶是印度人的发明。红碎茶是茶叶揉捻时，用机器将叶片切碎呈颗粒型碎片，因外形细碎，故称红碎茶。

将完整的红茶切碎，这样有利于茶中的物质迅速释出，冲泡时间可以缩短，茶汤依然红浓纯美。红碎茶是由印度、斯里兰卡等国在20世纪20年代加工，我国于20世纪50年代才开始试制。

⑥ 滇红工夫的正宗产地在哪?

云南省

临沧

滇红工夫产自云南省滇西、滇南两个茶区，主要包括临沧、保山、德宏、大理、普洱、景洪、文山和红河共8个州(市)。

⑥ 滇红就是滇红工夫吗?

滇红是云南红茶的统称，分为滇红工夫和滇红碎茶两种。

滇红工夫茶芽叶肥壮，金毫显露，汤色红艳，香气高醇，滋味浓厚。滇红工夫茶口感浓烈，冲泡三四次香味仍然不减。

滇红碎茶外形均匀，色泽乌润，香气鲜锐，滋味浓强。

柒·红茶的购买与冲泡

滇红工夫

干茶
芽叶肥壮，金毫显露

茶汤
汤色红艳明亮

香气
香气高醇

味
浓厚

叶底
红艳柔嫩

六堡茶

捌

黑茶的购买与冲泡

黑茶，自来独特的便不是形容的美丽与否，而是岁月沧桑的味道。正如有些女子，不会因为时间的逝去而容颜凋零，反而随着岁月的积淀，愈加充满魅力，一个眼神、一个动作都有说不出的韵味。饮一杯黑茶，品的是醇，是时间。

⑥ 黑茶主要产自哪里?

黑茶属于后发酵茶,是我国特有的茶类,生产历史非常悠久,最早的黑茶是由四川生产的,由绿茶的毛茶经蒸压而成。黑茶主要产于湖南、湖北、四川、云南、广西等地。

⑥ 黑茶有哪些代表品种?

黑茶的种类很多,代表品种有湖南茯砖、千两茶、湖北的青砖和广西的六堡茶等。其实普洱茶最初也是属于黑茶的,但随着近些年普洱茶越来越热,专家对普洱茶进一步研究,认为普洱茶的制作方法、品质特点等,都和黑茶还是有一定差异的,建议重新划分普洱茶的种类,将其单独分作一类。

广西六堡茶　　　　　　　　湖南茯砖　　　　　　　　　湖南千两茶

⑥ 黑茶是怎么制作的?

黑茶的加工工艺一般包括杀青、揉捻、渥堆和干燥。其中渥堆是制作黑茶的特有工序,也是形成黑茶品质的关键性工序。

渥堆就是把经过揉捻的茶堆成大堆,人工保持一定的温度和湿度,用湿布或者麻袋盖好,使其经过一段时间的发酵,适时翻动1~2次。经过一段时间多酚类物质氧化后,一方面使鲜叶的绿色褪变成黄褐色;另一方面可以除去涩味,使滋味醇厚。我们知道涩味由多酚类物质产生,随着它的氧化涩味也随之减少。

⑥ 黑茶是怎样分类的?

按照产地和加工工艺的不同,黑茶一般可分为湖南黑茶、湖北黑茶、四川边茶、滇桂黑茶。湖南黑茶包括安化黑茶等,湖北黑茶包括蒲圻老青茶等,四川边茶包括南路边茶、西路边茶等,滇桂黑茶包括普洱茶、六堡茶等。

⑥ 黑茶的故乡是哪里？

《甘肃通志·茶法》载"安化黑茶，在明嘉靖三年（1524年）以前，开始制造。"可见，黑茶加工始于公元15~16世纪，地点为湖南省安化县，因此安化被认为是中国黑茶的故乡。

⑥ 黑茶的特点是什么？

黑茶的品质特征为：外形黑润，汤色褐黄或褐红，香气有樟香、槟榔香和清香，滋味醇厚不涩，叶底黄褐粗老——黑茶加工要求鲜叶有一定成熟度，一般为一芽三四叶或一芽五六叶。

大部分茶叶讲究的是新鲜，制茶的时间越短，茶叶越显得珍贵，陈茶往往无人问津。而黑茶则是茶中的另类，贮存时间越长的黑茶，反而越难得。

因为黑茶是深度发酵的茶叶，发酵程度达80%以上，所以存放时间越长，香气越浓，品质越陈越优，药理作用也越好。

黑茶具有减肥、降低胆固醇、抑制动脉硬化等作用，满足了以食肉类、粗粮为主的人维持健康的要求，具有很好的保健作用。

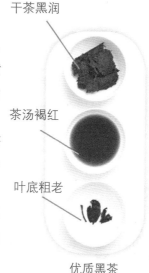

干茶黑润

茶汤褐红

叶底粗老

优质黑茶

⑥ 黑茶适合用什么茶具冲泡？

黑茶宜用中品厚胎紫砂壶、透明玻璃公道杯、内挂白釉紫砂杯或咸菜色系的瓷杯。

只有紫砂茶具才能最好地衬托出黑茶的明亮、厚重。

茶道：从喝茶到懂茶

六堡茶

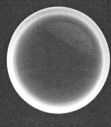

干茶
叶条粘结成块，色泽褐黑光润，间有黄色菌类孢子

茶汤
红浓明净，琥珀色

香气
香气醇陈，有槟榔香

滋味
浓醇甘和

叶底
褐红或褐色

⑥ 六堡茶的正宗产地在哪？

广西壮族自治区

梧州市

六堡茶产于广西苍梧县六堡镇及贺州、恭城等地，属黑茶类。

⑥ 怎样品质的好？

六堡茶在晾置陈化后，茶中便可见到有许多金黄色的"金花"，这是有益品质的黄霉菌。

它能分泌淀粉酶和氧化酶，可催化茶叶中的淀粉转化为单糖，催化多酚类化合物氧化，使茶叶汤色变棕红，消除粗青味。

优质六堡茶以陈茶为好，有槟榔香、槟榔味、槟榔汤色是六堡茶质优的标志。

干茶上的点点金花，正是茶叶好品质的表现。

🍵 湖南黑茶的正宗产地在哪?

安化县

湖南省

　　湖南黑茶原产于湖南省安化县。现在产区已扩大到桃江、沅江、汉寿、宁乡、益阳和临湘等地。湖南黑茶是中国世博十大名茶中唯一的黑茶。

🍵 什么是千两茶?

　　千两茶是一种以优质黑茶为原料,用棕、篾捆压而成的花卷茶,产于湖南安化。

　　千两茶是湖南黑茶中的一种。这种茶呈圆柱形,柱长约166.7厘米,周长约56.8厘米,每支净重老秤1000两,因而得名。千两茶始创于清道光元年(1775年),做工精良,技术复杂,陈化十年、二十年者,品质愈佳。汤色橙黄、明净,滋味醇厚,饮之陈香扑鼻。

千两茶非常紧结,黑中带灰,如同铁块。饮用时,需用小锯子锯下一小块。

捌·黑茶的购买与冲泡

湖南黑茶

干茶 条索紧卷、圆直,叶质较嫩,色泽油黑

茶汤 橙黄

叶底 黄褐

香气 香味醇厚,具有松烟香

滋味 醇厚

玖

普洱茶的购买与冲泡

普洱茶更像一位睿智的老者，它会在你耳边，娓娓道来那些过去的故事。

其他的茶，泡三次，便失去了滋味，而普洱茶，你需要泡过三次以上，才能渐渐品出其中的滋味。那份厚重的苦涩，也会随着一次次的冲泡而变成柔柔的甜，恰如人生，苦尽甘来。

茶道：从喝茶到懂茶

什么是普洱茶？

普洱茶是云南特有的地理标志产品。它是以符合普洱茶产地环境条件的云南大叶种晒青茶为原料，按特定的加工工艺生产，具有独特品质特征的茶叶。自唐宋以来，普洱茶因集中在普洱府销售而得名。

普洱茶性温和，有抑菌作用，能降脂、减肥、防治高血压，被誉为"减肥茶""窈窕茶""益寿茶"。目前，普洱茶年产量在2000多吨，年出口量在1500吨左右，主销缅甸、泰国、日本、新加坡、马来西亚以及欧美等国。

易武茶是普洱茶中的代表，在清朝它价等黄金，是最昂贵的贡茶。

普洱茶地理标志产品保护范围是哪里？

普洱茶地理标志产品保护范围以云南省人民政府《关于确定普洱茶地理标志产品保护范围的函》（云政函[2007]134号）提出的范围为准，为云南省昆明市、楚雄州、玉溪市、红河州、文山州、普洱市、西双版纳州、大理白族自治州、保山市、德宏州、临沧市等11个州（市）、75个县（市、区）、639个乡（镇、街道办事处）现辖行政区域。

普洱茶怎么分类？

按制作方法，普洱茶可分为普洱生茶和普洱熟茶。

按外观形态，普洱茶可分为普洱散茶和普洱紧压茶。普洱紧压茶外形有圆饼形、碗臼形、方形、柱形等多种形状和规格。

按存放方式，普洱茶可分为干仓普洱和湿仓普洱。

🌀 如何分辨生普和熟普？

普洱生茶是以符合普洱茶产地环境条件下生长的云南大叶种茶树鲜叶为原料，经杀青、揉捻、日光干燥、蒸压成型等工艺制成的紧压茶。

其品质特征为：干茶色泽墨绿，汤色绿黄清亮，香气清纯持久，滋味浓厚回甘，叶底肥厚黄绿。

普洱熟茶是以符合普洱茶产地环境条件的云南大叶种晒青茶为原料，采用特定工艺、经后发酵（快速后发酵或缓慢后发酵）加工形成的散茶和紧压茶。

其品质特征为：干茶色泽红褐，内质汤色红浓明亮，香气独特陈香，滋味醇厚回甘，叶底红褐。

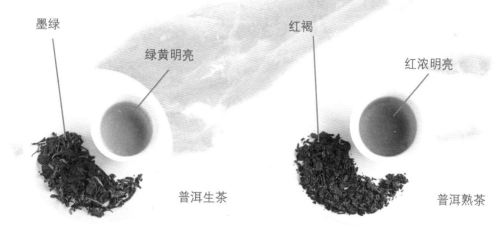

墨绿　　绿黄明亮　　普洱生茶　　红褐　　红浓明亮　　普洱熟茶

🌀 什么是干仓普洱茶？

干仓普洱是指将普洱茶存放在干燥、通风、湿度小的仓库环境里，使其发酵后得到的普洱茶，这种发酵属于自然的陈化过程。

🌀 什么是湿仓普洱茶？

湿仓普洱是指将普洱茶存放在相对封闭、湿度偏高的仓库环境里，使其快速发酵，得到的普洱茶。

⑥ 什么是七子饼茶?

七子饼茶是紧压茶的一种。七子饼茶又称侨销圆茶、侨销七子饼茶。七子饼茶每块净重357克,每七个为一筒,每筒重约2500克,主要由勐海茶厂生产。

七子饼茶形似圆月,七子为多子、多孙、多富贵之意。云南少数民族的人们用它作为彩礼或者礼物送给亲朋好友。

七子饼茶

⑥ 怎么鉴别普洱茶的优劣?

优质普洱茶

劣质普洱茶

鉴普洱茶首先看外观。不管是饼茶、沱茶、砖茶,或其他各种外形的茶,先看茶叶的条形,条形是否完整,叶老或嫩,老叶较大,嫩叶较细。若一块茶饼的外观看不出明显的条形,而显得碎与细,就是次级品。

第二看茶叶显现出来的颜色。是深或浅,光泽度如何。正宗的是猪肝色,陈放五年以上的普洱茶就有这样的黑中泛红的颜色。

第三看汤色。好的普洱茶,泡出的茶汤是透明的、发亮的,汤上面看起来有油珠形的膜。不好的,茶汤发黑、发乌。

第四闻气味。鉴别清香味出不出得来,有没有回甘。陈茶则要看有没有一种特有的陈味,是一种很甘爽的味道。若可以试泡的话,看泡出来的叶底完不完整,是不是还维持柔软度。

⑤ 什么是历史上的普洱茶和现代普洱茶？

历史上的普洱茶，是指以"六大茶山"为主的西双版纳生产的大叶种茶为原料制成的青毛茶，以及由青毛茶压制成各种规格的紧压茶。如普洱方茶、普洱沱茶、七子饼茶、藏销紧压茶、圆茶、竹筒茶、拼装散茶等。

1973年起，云南茶叶进出口公司在昆明茶厂用晒青毛茶，经高温高湿人工速成的后发酵处理，制成了云南普洱茶。一般所说的现代普洱茶，就是指通过这种人工后发酵技术制成的普洱熟茶。

现代普洱茶（宫廷普洱熟茶）

⑥ 刚开始喝普洱茶，生茶好还是熟茶好？

普洱茶是"可入口的古董"。不同于别的茶贵在新，普洱茶贵在"陈"，越陈越香是普洱茶的最大特点。普洱生茶好比没淬火的生铁，香气高锐，但有些人会感觉生茶对肠胃有一定刺激。刚开始饮用生茶时多注意自己身体的反应。普洱熟茶经过完全发酵，从口感到滋味都比较圆厚温润。刚开始接触普洱茶，可先从品饮普洱熟茶开始。

生茶、熟茶勾兑饮用，普洱茶的霸气与柔情同在，也很适合新手尝试。

⑥ 如何审评普洱散茶？

1.看外观

看外观，首先看茶叶的条形，条形是否完整，叶老或嫩，老叶较大，嫩叶较细；嗅干茶气味兼看干茶色泽和净度。

优质的云南普洱散茶的干茶陈香显露（有的会含有菌子干香、中药香、干桂圆香、干霉香、樟香等），无异、杂味，色泽棕褐或褐红（猪肝色），具油润光泽，褐中泛红（俗称红熟），条索肥壮，断碎茶少。

质次的则稍有陈香或只有陈气，甚至带酸馊味或其他杂味，条索细紧不完整，色泽黑褐、枯暗无光泽。

2.看汤色

主要看汤色的深浅、明亮。优质的云南普洱散茶，泡出的茶汤红浓明亮，具"金圈"，汤上面看起来有油珠形的膜；质次的，茶汤红而不浓，欠明亮，往往还会有尘埃状物质悬浮其中，有的甚至发黑、发乌，俗称"酱油汤"。

具有金圈的茶汤，仿若戴上皇冠，是普洱茶品质的象征。

3.闻气味

主要采取热嗅和冷嗅，热嗅看香气的纯异，冷嗅看香气的持久性；优质的热嗅陈香显著浓郁，且纯正，"气感"较强，冷嗅陈香悠长，是一种甘爽的味道；质次的则有陈香，但夹杂酸味、馊味、铁锈水味或其他杂味，有的是"臭霉味"。

4.品滋味

主要是从滑口感、回甘感和润喉感来感觉。优质的滋味浓醇、滑口、润喉、回甘，舌根生津；质次的则滋味平淡，不滑口，不回甘，舌根两侧感觉不适，甚至产生"涩麻"感。

5.看叶底

主要是看叶底的色泽、叶质，看叶底是否完整，是不是还维持柔软度。优质的色泽褐红、匀亮，花杂少，叶张完整，叶质柔软，不腐败，不硬化；质次的则色泽花杂、发乌欠亮，或叶质腐败，硬化。

⑥ 如何审评普洱紧压茶？

1. 看包装

云南普洱紧压茶包装大多用传统包装材料,如内包装用棉纸,外包装用箬叶、竹篮,捆扎用麻绳、篾丝,而且也为广大普洱茶嗜好者们所接受、认同。

查验包装材料是否清洁无异味,包装是否紧实、端正、牢固,外形包装的大小是否与茶身密切贴合,是否松动;棉纸是否为纯棉质,字迹是否清晰等。

另外,其他创新包装形式、精美小包装等也要细致查验。

2. 看外观

主要看匀整度、松紧度、色泽、嫩度、匀净度等,看形态是否端正,棱角是否整齐,条索是否清晰,有无起层落面。如云南七子饼茶(7572、7542、7262等),要求直径20厘米,中间厚(2.5厘米),边缘薄(1.0厘米),而且"臼"处于饼中心,不偏歪,茶条索清晰,无起层落面、掉边,松紧适度,具"泥鳅"边。

去掉包装后的普洱饼茶,匀整紧实。

3. 看汤色

主要看汤色的深浅、明亮,优质的云南普洱紧压茶,泡出的茶汤汤色明亮;质次的,茶汤欠明亮,往往还会有尘埃状或絮状物质悬浮其中,有的甚至有"酱油"色。

4. 闻气味

主要采取热嗅和冷嗅,其方法与普洱散茶相同,优质的热嗅香气显著浓郁,且纯正,冷嗅香气悠长,有一种很甜爽的味道;质次的则香气低,有的夹杂酸味、馊味、铁锈水味或其他杂味,也有的是"臭霉味""腐败味"。

5. 品滋味

与普洱散茶基本相同。

6. 看叶底

与普洱散茶基本相同。另外,鉴别云南普洱紧压茶质量还要注意是否内外品质如一,是不是那种好茶在外,茶渣在内的"盖面茶"或"撒面茶"。

⑥ 普洱茶的一般泡饮方法是什么?

普洱茶的一般泡饮方法:

1.将10克普洱茶倒入茶壶或盖碗,冲入500毫升沸水,并快速将水倒掉。此为洗茶,将普洱茶表层的不洁物和异物洗去。

2.再冲入沸水,浸泡5分钟。

3.将茶汤倒入公道杯中。

4.再将茶汤分斟入品茗杯,先闻其香,观其色,尔后饮用。

普洱茶汤色红浓明亮,香气陈香独特,叶底褐红色,滋味醇厚回甜,饮后令人心旷神怡。饮用普洱茶时,可以用特制的瓦罐在火膛上烤后加盐巴品饮。还可以加猪油或鸡油煎烤油茶,或者打成酥油茶。

⑥ 为什么要用滚烫的开水冲泡普洱茶？

由于普洱茶的味较不易浸泡出来，所以，必须用滚烫的开水冲泡。

无论生茶还是熟茶，普洱茶都需要经过较长时间发酵，因此润茶程序是不可或缺的。目的是唤醒紧压茶的茶性，还可以去除杂味，涤尘净茶。

通常饮水机里的水加热以后的温度大约是90℃，温度不够，不适合冲泡普洱茶。因此在办公室冲泡普洱茶，最好准备一个随手泡。

第一泡在开水冲入后随即倒出来（温润泡），用此茶水冲洗茶杯。第二次冲入滚开水，浸泡时间可依个人口

不锈钢的水壶，搭配电磁炉，是随手泡最理想的组合。

感需求斟酌。第二泡和第三泡的茶汤可以混着一起喝，以免茶汤过浓。以后每次冲泡，须适当延长冲泡时间。

⑥ 为什么要用腹大的茶壶冲泡普洱茶？

泡普洱茶需要选择腹大的茶壶，因为普洱茶的浓度高，用腹大的茶壶冲泡，能避免茶泡得过浓的问题，最好是陶壶或紫砂壶。

肚大、口小的紫砂壶，将普洱茶茶香牢牢锁住。

⑥ 冲泡普洱茶每泡的时间怎么把握？

在冲泡普洱茶的时候，可按这样的时间冲泡：第一次冲泡，弹指（1弹指为7.2秒）14次；第二次冲泡，弹指13次；第三次冲泡，弹指12次；第四次冲泡，弹指11次；第五次冲泡，弹指10次；从第六次起，每次增加一弹指，最多到20弹指。

茶道
……从喝茶到懂茶

普洱生茶

干 茶
色泽墨绿、褐绿色，优质茶条索里有白毫

茶 汤
明亮，浅黄绿

香 气
有浓重的绿茶香气

滋 味
有生涩味、刺激感，回甘好

叶 底
黄绿、柔软，比较完整

6 普洱生茶在家如何冲泡?

在家冲泡普洱生饼茶的方法如下:

1.将水倒入茶壶中温壶，再将温壶的水倒入公道杯中温公道杯，最后将公道杯中的水倒入品茗杯中。

2.用茶刀挖取适量茶叶放入茶荷中，压制很紧的饼茶冲泡前要用手撕成小片。将茶叶用茶匙拨入壶中。

3.注入半壶开水，并迅速倒入公道杯中。

4.手持品茗杯，逆时针旋转，将温杯的水倒入茶盘。

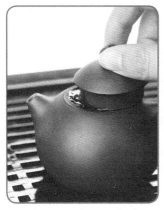

5.冲水至满壶，刮去浮沫盖上壶盖。静置约30秒。

6.持壶将茶汤经滤网快速倒入公道杯中。将紫砂壶里的茶汤控净，这样不影响下一泡的口感。

7.将公道杯内的茶汤分入每个品茗杯中。

茶道
……从喝茶到懂茶

普洱熟茶

干茶
条索细紧、匀称，色泽褐红或深栗色，
俗称"猪肝红"

茶汤
红浓透明

香气
有独特的陈香

滋味
陈香醇厚，顺滑、回甘好

叶底
褐红或深栗色

6 普洱熟茶在家如何冲泡？

在家冲泡普洱熟茶的方法如下：

1.倒入热水温壶，将温壶的水温烫公
道杯，再用公道杯中的水温品茗杯。

2.用茶则将已经解散的熟茶从茶罐里取出,放入茶荷中,再用茶匙将适量的熟茶投入紫砂壶中。

3.将开水注入壶中,然后迅速倒入公道杯中。

4.冲水至满壶,刮去浮沫,盖上壶盖。用公道杯内的茶汤淋壶静置1分钟左右。

5.手持品茗杯,逆时针旋转,将温杯的水倒入茶盘。

6.将泡好的茶汤经滤网快速倒入公道杯中。

7.将公道杯内的茶汤分入每个品茗杯中。

班章茶

茶道：从喝茶到懂茶

干茶
条索粗壮

茶汤
年份不同，茶汤色有所变化，
三年以上浓厚油亮

香气
柔韧厚实，毫毛明显

滋味
霸道，香气沉

叶底
厚重，回甘快

❻ 班章茶在家如何冲泡？

在家冲泡的方法如下：

1.取适量茶叶投入茶荷中备用。

2.倒沸水入紫砂壶中，倒满温壶。

3.温公道杯、温品茗杯，将剩水倒入水盂。

4.将茶荷中的茶放入壶中。注入半壶开水，并迅速倒
掉。需要1~3次。

5.冲水至满壶，刮去浮沫，盖上壶盖，静置5~10分钟。

6.将茶汤经滤网快速倒入公道杯中。

7.将公道杯中的茶汤分入每个品茗杯中。

花茶

拾

花茶与非茶之茶的
购买与冲泡

以花为茶，是花的盛世，亦是茶的盛世。花香和茶香的珠联璧合，不见花朵，却满嘴花香，花香尽处便是茶香。而非茶之茶，是人们对茶热爱的延伸，似乎那些可以冲泡的饮品，都需和『茶』牵扯上些关系才可以。

⑥ 什么是花茶?

花茶,是采用已加工茶坯作原料,加上适合食用并能够散发香味的鲜花为花料,采用特殊窨制工艺制作而成的茶。花茶又称熏花茶、窨花茶、熏制茶、香花茶、香片。

用于窨制花茶的茶坯主要是绿茶,少数用红茶、乌龙茶。绿茶以烘青绿茶窨制的花茶品质最好。

花茶因为窨制鲜花不同分为茉莉花茶、白兰花茶、珠兰花茶、玳玳花茶、桂花花茶等。

以白瓷盖碗冲泡,最能衬托茉莉花茶清高的香气。

其中以茉莉花茶最常见,其香气芬芳、清高。其次是珠兰花茶,香气纯正清雅;玉兰花茶,香气浓烈;玳玳花茶,香气味浓;桂花茶,香味淡且持久。茉莉花茶产量最大,占花茶总产量的70%,以福建福州、江苏苏州出产的最佳。

桂花、薰衣草、玫瑰花等制成的花茶,可谓形、味皆美。

⑥ 什么是非茶之茶?

人们习惯上把与茶一样泡饮的植物叶或经过加工的茎、叶都称为"茶"。

其实它们与茶是完全不同的植物种属,没有一点亲缘关系,如人参茶、杜仲茶、绞股蓝茶、菊花茶、桑芽茶、金银花茶、桂花茶、胖大海茶等。

这些非茶制品称为"非茶之茶",可分为两类:一类是具有保健作用的保健茶,也叫药茶,是以植物茎叶或花作主体,再与少量的茶叶或其他调料配制而成,如绞股蓝茶;另一类是当零售消闲的点心茶,如青豆茶、锅巴茶等。

⑥ 我国花茶主要产自哪里?

　　我国花茶的主产区是福建、广西、浙江、江苏、湖南和四川等省(区)。

　　花茶的代表品种有茉莉花茶、珠兰花茶、玉兰花茶、玫瑰花茶等。

　　花茶主要产于南方,但喝花茶的人却以北方人居多,因为北方人口味偏重,南方人一般接受不了花茶浓重的花香味和苦涩味。

茶汤从绿逐渐变黄亮,滋味也由淡涩转为浓醇。

⑥ 花茶怎么分类?

　　根据制作花茶的茶坯不同,可以将花茶分为绿茶类花茶、红茶类花茶和青茶类花茶。绿茶类花茶包括茉莉花茶、桂花花茶、柚子花茶、桂花龙井等。红茶类花茶包括玫瑰红茶等。青茶类花茶包括桂花铁观音、茉莉乌龙、桂花乌龙等。

⑥ 怎么鉴别真假花茶?

　　真花茶是用茶坯(原茶)与香花窨制而成的。高级花茶要窨多次,香味浓郁。筛出的香花已无香气,称为干花。一般来说,花茶里的干花越少越好。但有一些花茶里面保留了较多的花瓣,比如碧潭飘雪。

　　假花茶通常有三种,分别是拌干花茶、喷花茶和着色花茶。

　　拌干花茶是将窨制花茶或无香气的干花,与劣等茶叶掺杂在一起,冒充窨花茶。这种茶一般只有茶叶香,没有花香,一闻即可辨真伪。

　　喷花茶是在茶叶上喷洒了香精的假花茶,冲泡以后滋味苦涩,且第一泡香气很浓,第二泡香气便消失得无影无踪了。

　　着色花茶是指茶叶经过人工着色的花茶,也属于假花茶。如果冲泡以后,发现汤色异常,且有色料沉淀,即可判定为着色花茶。

碧潭飘雪

一种高档茉莉花茶,产自四川峨眉山地区。碧潭飘雪是以早春嫩芽为茶坯,与含苞待放的茉莉鲜花拌和,以手工精心窨制而成,并保留干花瓣在茶中。

⑥ 怎么审评花茶？

花茶的外形审评，评比条索、色泽、整碎和净度。花茶内质审评，侧重香气，突出花香。

一般取样茶3克置于审评碗中，拣出花渣，转入审评杯，以沸水冲泡。

泡法有三种：一是5分钟一次冲泡法；二是两次冲泡法；三是双杯冲泡法。

第一种与红、绿茶审评之冲泡法同。

第二种是第一次冲泡3分钟后，倒出茶汤，审评香气的鲜灵度和滋味的鲜爽度。随后再冲泡5分钟，评香气的浓度和纯度。

双杯法是同一样品泡两杯，5分钟后，一杯倒入审评碗，评香气的鲜灵度；另一杯不倒出茶汤，用铜丝匙捞出叶底，热嗅香气的浓度和纯度。

⑥ 珠兰花茶产于何地，品质特点如何？

珠兰花茶全国各产花茶地区均有生产，但主要产于安徽省歙县。其品质特点：外形条索紧细匀整，色泽墨绿油润；内质香气清香幽雅、持久，汤色淡黄明亮，滋味鲜爽、幽香、回甘，叶底黄绿明亮。

⑥ 玫瑰花茶产于何地，品质特点如何？

玫瑰花茶产区分布较广，主要产于广东、福建、浙江等地。其产品主要有两大类，即玫瑰红茶和玫瑰绿茶，其中以玫瑰红茶为多。

玫瑰红茶以红玫瑰花窨制而成，其香馥郁，具有甜香；玫瑰绿茶则以白玫瑰花窨制而成，其香馥郁而富有清香。

⑥ 茉莉花茶一般怎么冲泡？

花茶的最大品质特色是茶味花香融为一体。

冲泡时，既要使香气得到充分发挥，又要注意防止茶香散逸。因此，冲泡花茶要沸水，水温达100℃，茶具要加盖。

泡饮花茶多用白色盖碗（有盖白瓷茶碗）。取一小撮（3~5克）花茶倒入碗内，沸水冲泡后，立即加盖，经4~5分钟便可品饮。

如人数较多，也可用壶饮法，即将适量花茶倒入壶内，冲泡5分钟后，便可倒入白色瓷杯中饮用。花茶一般可冲泡2~3次，接下去即使有茶味，也很难有花香了。

泡花茶时，水至七分满即可，所谓"留下三分是情意"。

拾 · 花茶与非茶之茶的购买与冲泡

茉莉花茶

干茶
外形条索紧细匀整，色泽绿润

茶汤
黄绿明亮

香气
内质香气芬芳、鲜灵

滋味
滋味醇厚鲜爽，含芳味

叶底
叶底黄绿柔软

⑥ 在家如何冲泡茉莉花茶?

在家冲泡茉莉花茶的方法如下:

1.将适量茉莉花茶拨入茶荷中。

2.向盖碗里注入少量热水,温杯润盏,然后将水倒入茶盘。

3.将茉莉花茶拨入盖碗中。

4.冲水至七分满，盖好杯盖。

5.双手持杯托将茶敬给客人。

6.一手持杯托，一手按杯盖让前沿翘起闻香。

8.品饮时让杯盖后沿翘起，品茶。

7.品饮之前用杯盖轻刮汤面，拂去茶沫。

195

拾壹

茶具选购与保养

俗语云：工欲善其事，必先利其器。将茶具算作是茶文化的半壁江山，一点儿也不为过。喝茶不仅仅是品茗，还是一个心、茶和谐的过程，茶具便是这个过程中最感官的部分。茶具之美，不在价格的高低，而在与茶搭配的恰到好处，以及其中含蓄的寓意。

⑥ 什么是茶道六用?

茶道六用,也称茶道六君子,是对以茶筒归拢的茶针、茶夹、茶匙、茶则、茶漏六件泡茶工具的合称。

茶针

疏通壶嘴、防止堵塞。

茶夹

温杯和需要给别人取茶杯时,夹取品茗杯。

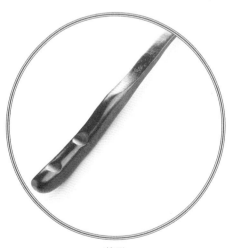

茶匙

从茶荷或茶罐中拨取茶叶。

茶则

从茶罐中量取干茶。

茶漏

放茶叶时放在壶口，扩大壶口面积，
防止茶叶溢出。

茶筒

盛放茶针、茶夹、茶匙、茶则、茶漏。

⑥ 如何选择和使用茶道六用？

茶道六用是泡茶时的辅助用具，为整个泡茶过程雅观、讲究提供方便。

选择茶道六用时可任凭个人喜好，瓶形的茶筒雅致、方形的古朴大方，最好能和其他茶具相映成趣，也增添了泡茶时的雅趣。取放茶道六用时，不可手持或触摸到用具接触茶的部位。

木制的茶道六用古朴大方，
与茶香相映成趣。

⑥ 常用的茶具有哪些?

泡茶常用的茶具,除了茶道六用外,还有茶壶、盖置、壶承、茶盘、品茗杯、闻香杯、盖碗、杯垫、随手泡、水盂、公道杯、茶荷、茶刀、滤网架、茶巾、过滤网、茶叶罐等。

茶壶

主要的泡茶容器。茶壶的种类有紫砂壶、瓷壶、玻璃壶等。

盖置

又名盖托,泡茶过程中,用来放置壶盖的器具。可以防止壶盖直接与茶桌接触,减少壶盖磨损。

壶承

又名壶托,是专门用来放置茶壶的器具。可以承接壶里溅出的沸水,让茶桌保持干净。通常有紫砂、陶、瓷等质地,与相同材质的壶配套使用,也可随意组合。

壶承有单层和双层两种,多数为圆形或增加了一些装饰变化的圆形。将紫砂壶放在壶承里时,最好在壶承的上面放个布垫子,彼此不会磨损。

茶盘

盛放茶杯等其他茶具的盘子,以盛接泡茶过程中流出或倒掉之茶水。也可以用作摆放茶杯的盘子,茶盘有塑料制品、不锈钢制品,形状有圆形、长方形等多种。

茶盘式样可大可小,形状可方可圆或作扇形;可以是单层也可以是夹层。茶盘选材广泛,金、木、竹、陶皆可取。

品茗杯

品茗杯，茶杯也，用来品饮茶汤。常用的品茗杯有三种，一种是白瓷杯，一种是紫砂杯，还有一种是玻璃杯，便于观赏汤色。

闻香杯

用来嗅闻杯底留香的器具，与品茗杯配套，质地相同，加一杯垫则为一套品饮组杯。闻香杯多用于冲泡高香的乌龙茶时使用。以瓷器质地的为主，也有内施白釉的紫砂、陶制的闻香杯。

盖碗

用来冲泡茶叶的茶具，又称三才杯。三才者，天、地、人。茶盖在上，谓"天"，茶托在下，谓"地"，碗居中，谓"人"。盖碗是中国茶文化天人合一的精髓展示。

盖碗既可以用来做泡茶器具泡茶后分饮，也可一人一套，当作茶杯直接饮茶。盖碗有瓷、紫砂、玻璃等质地，以各种花色的瓷盖碗为多。

杯垫

又名杯托，用来放置茶杯、闻香杯，以防杯里或底部的水溅湿茶桌，还可以预防杯具磨损。

杯垫种类很多，主要有瓷、紫砂、陶等质地，也有木、竹等质地，与品茗杯配套使用，也可随意搭配。使用后的杯垫要及时清洗，如果使用木制或者竹制的杯托，还应通风晾干。

随手泡

常用的煮水用具，可随时加热开水，以保证茶汤滋味。

随手泡是现代泡茶时最常用而方便的烧水用具。绝大多数工夫茶要求用沸水冲泡，而饮水机或大型电茶炉里的"开水"一般只有80℃左右，所以冲泡工夫茶一般都用随手泡来烧开水。

公道杯

又称茶盅、茶海、母杯。用来盛放泡好的茶汤，再分倒入各杯，使各杯茶汤浓度相同，滋味一致，同时能够沉淀茶渣。

公道杯有瓷、紫砂、玻璃等质地，其中瓷、玻璃质地的公道杯最为常用。有些公道杯有茶柄，有些则没有，还有带过滤网的公道杯。

水盂

又名茶盂，废水盂。用来贮放泡茶过程中的沸水、茶渣。功用相当于废水桶、茶盘。有瓷器、陶器等质地。

茶荷

茶荷的功用与茶则、茶漏类似，为暂时盛放从茶罐里取出的干茶的用具，但茶荷更兼具赏茶功能。

茶刀

又名普洱刀。用来撬取紧压茶的茶叶，是冲泡紧压茶时的专用器具，在普洱茶中最常用到。

滤网架

用来放置滤网的器具，有瓷、不锈钢、铁等质地。滤网架的款式品种繁多，有动物形状、人手形状等，比较有装饰效果。铁质的滤网架容易生锈，最好选择瓷、不锈钢质地的滤网架。

过滤网

又名茶漏，泡茶时放在公道杯上，用来过滤茶渣。有不锈钢、瓷、陶、竹、木、葫芦瓢等质地；过滤网壁由不锈钢细网、棉线网、纤维网罩等网面组成。不用时放在滤网架上。泡茶后，用过的滤网应该及时清洗。

茶巾

又称为茶布，用来擦拭泡茶过程中茶具上的水渍、茶渍，尤其是茶壶、品茗杯等的侧部、底部的水渍和茶渍。主要有棉、麻布等质地。挑选茶巾，要选择吸水性好的棉、麻质地的。

茶叶罐

储存茶叶的罐子。常见的有瓷罐、铁罐、纸罐、塑料罐、搪瓷罐以及锡罐、陶罐。

⑥ 茶具是如何分类的?

茶具按材质可分为以下几大类:

瓷器以瓷土(中外学者称之为"高岭土Karlin")为胎料,含铁量一般在3%以下,比陶土的含铁量低。烧成温度比陶土高,大约为1200℃左右。胎体坚固致密,表面光洁,薄者可呈半透明状,断面不吸水,敲击时有清脆的金属声音。

瓷茶具的品种很多,主要有青瓷茶具、白瓷茶具、黑瓷茶具和彩瓷茶具。所产茶具有壶、杯、托、盅、碗、盏、匙等。

瓷器茶具

紫砂茶具以陶土为材料,含铁量高,被称作"泥中泥、岩中岩"。质性特殊的紫砂陶土,质地细腻,且颜色鲜艳,紫砂泥主要有紫泥、绿泥和红泥3种,由于泥料的配比不同,还可以得到朱砂紫、栗色、海棠红等,故而紫砂泥也称"五色土"。

紫砂器成陶火温在1000~1200℃,质地致密,既不渗漏,表面光挺平整之中含有小颗粒状的变化,表现出一

紫砂茶具

种砂质效果,又有肉眼看不见的气孔,能吸附茶汁,蕴蓄茶味,且传热缓慢不致烫手,即使冷热骤变,也不致破裂;用紫砂壶泡茶,香味醇和,保温性好,无熟汤味,能保茶真髓,一般认为用来泡铁观音等半发酵茶最能展现茶味特色。

金属茶具是用金、银、铜、铁、锡等金属材料制作的茶具，属我国最古老的日用器具之一。

自秦汉至六朝，茶叶作为饮料已渐成风尚，茶具也逐渐从与其他饮具共享中分离出来。大约到南北朝时，我国出现了包括饮茶器皿在内的金属器具。到隋唐时，金属器具的制作达

金属茶具

到高峰。但从宋代开始，古人对金属茶具褒贬不一。元代以后，特别是从明代开始，随着茶类的创新，饮茶方法的改变以及陶瓷茶具的兴起，才使金属茶具逐渐消失，尤其是用锡、铁、铅等金属制作的茶具，用它们来煮水泡茶，被认为会使"茶味走样"，以致很少有人使用。明代的张谦德就把金银茶具列为次等，把铜、锡茶具列为下等。

常见的金属茶具有金银茶具、锡茶具、铜茶具等。

漆器茶具是以竹木或它物雕制，并经涂漆的饮茶用具。所使用的漆采割自天然漆树，对液汁进行炼制并掺进所需色料而制成的。

漆器茶具质轻且坚，散热缓慢，除有实用价值外，还有很高的艺术欣赏价值，常为鉴赏家所收藏，因此，人

漆器茶具

们多将漆器茶具作为工艺品陈设于客厅、书房，成为居室装点的一部分。

漆器茶具现在主产于福建福州一带，所生产的漆器茶具绚丽多姿，有茶壶、茶盘等，有"宝砂闪光""金丝玛瑙""釉变金丝""仿古瓷""雕填""嵌白银"等品种，特别是创造了艳如红宝石的赤金砂和暗花等新工艺后更加艳丽动人。

竹木茶具是指用竹或木制成的茶具,采取车、雕、琢、削、编等工艺,将竹木制成茶具。多制成茶罐、茶则、茶海、茶筛、茶盒、碗、涤方、具列等。

　　另外还有竹编茶具,由内胎和外套组成,内胎多为陶瓷类饮茶器具,外套精选竹子,经劈、启、揉、匀等多道工序,制成粗细如发的柔软竹丝,经烤色、染色,再按茶具内胎形状、大小编织嵌合,使之成为整体如一的茶具。

　　这种茶具,不但色调和谐,美观大方,而且能保护内胎,减少损坏;同时,泡茶后不易烫手,并富含艺术欣赏价值,往往用作馈赠礼品。主要品种有茶杯、茶盅、茶托、茶壶、茶盘等,多为成套制作,主要产于竹木之乡,遍布全国。

竹木茶具

玻璃茶具顾名思义，就是用玻璃制成的茶具。按其加工分类，可分为价廉物美的普通浇铸的玻璃茶具和价昂华丽的刻花茶具(俗称水晶玻璃)两种。玻璃茶具大多为杯、盘、瓶、水盂等制品。由于玻璃茶具透明，因此用玻璃茶具冲泡龙井、碧螺春等绿茶，杯中轻雾缥缈，茶芽朵朵、亭亭玉立，或旗枪交错、上下浮沉，赏心悦目，别有风趣。

玻璃茶具

玉质茶具是指用玉石雕制成的饮茶用具。玉质茶具的原料玉石包括真玉(前述的软玉和硬玉)、绿松石、玛瑙、水晶、孔雀石、琥珀、红绿宝石等彩石玉。多制成壶、罐、杯、盏、盅、盖碗等。

白玉灵芝耳带托盏

果壳茶具是指用果壳制成的茶具，工艺以雕琢为主，使用葫芦、椰子等硬质果壳加工而成。可制成水瓢、贮茶盒等。如陆羽《茶经》就提到用葫芦制成瓢，一直沿用到现在，葫芦水瓢在中国广大农村还时常有见。水瓢主产于北方，椰壳茶具主产于海南。

果壳茶具

⑥ 如何选择茶具色泽？

茶具色泽的选择，其基本原则之一是要与茶叶相配，相协调，讲究茶具色泽与茶叶间的相衬相益。

各种茶类适宜选配的茶具，归纳起来大致如下：

绿茶：宜用透明玻璃杯，无色、无花、无盖，或用白瓷、青瓷、青花瓷无盖杯。

红茶：内施白釉紫砂、白瓷、红釉瓷、暖色瓷的壶杯具、盖杯、盖碗。

黄茶：奶白或黄釉瓷及黄橙色壶杯具、盖碗、盖杯。

白茶：白瓷或黄泥炻器壶杯及内壁有色黑瓷。

乌龙茶（青茶）：紫砂壶杯具，或白瓷壶杯具、盖碗、盖杯为佳。

黑茶：特别是普洱茶，宜用中品厚胎紫砂壶、透明玻璃茶海、内挂白釉紫砂杯或咸菜色系的瓷杯。

再加工茶：花茶可用青瓷、青花瓷等盖碗、盖杯；造型花茶可用直筒深壁透明玻璃杯。

⑥ 如何选择茶壶？

一把好茶壶应具备的条件有：

1.壶嘴的出水要流畅，收水果断，不溅水花，不流口水。壶盖与壶身要密合，水壶口与出水的嘴要在同一水平面上。壶身宜浅不宜深，壶盖宜紧不宜松。

2.无泥味、杂味。

3.能适应冷热急遽之变化，不渗漏，不易破裂。

4.质地能配合所冲泡茶叶之种类，将茶的特色发挥得淋漓尽致。

5.方便置入茶叶，容水量足够。

6.茶汤能够保温，不会散热太快，能让茶叶中的各种成分在短时间内适宜浸出。

💧 如何正确使用茶壶?

标准的持壶动作:拇指和中指捏住壶把,向上用力提壶,食指轻搭在壶盖上,不要按住气孔,无名指向前抵住壶把,小指收好。

手持壶动作:对于新手来说,可采用这种方法,即一手的中指抵住壶钮,另一手的拇指、食指、中指,扶住壶把,双手配合。

无论哪种持壶方式都要注意,不要按住壶钮顶上的气孔。

手持壶动作

💧 如何选择茶盘?

不管什么式样的茶盘,选择时要掌握四字诀:宽、平、浅、畅。就是盘面要宽,以便人数多时,增添茶杯;盘底要平,才不会使茶杯不稳,易于摇晃;边要浅,盘面要简洁,这都是为了衬托茶杯、茶壶,使之美观并且取用方便。

优质茶盘

💧 如何正确使用茶盘?

使用茶盘时要注意以下几点:

1.单层茶盘使用时,需在茶盘下角的金属管上,连接一根塑料管,塑料管的另一端则放在废水桶里,排出盘面废水。

2.夹层茶盘也叫双层茶盘,上层有带孔、格的排水结构,下层有贮水器,泡茶的废水存放于此。但因为贮水器的容积有限,使用时要及时清理,以免废水溢出。

3.端茶盘时一定要将盘上的壶、杯、公道杯拿下,以免失手打破放在上面的茶具。

4.木质、竹制的茶盘使用完毕后用干布擦拭即可。木制茶盘古朴大方、工艺精湛,融实用、装饰、艺术于一体,已不仅仅是品茗泡茶的用具,更是一种美的文化享受。

🔔 如何选择品茗杯？

品茗杯的选择有"四字诀"：小、浅、薄、白。小则一啜而尽；浅则水不留底；色白如玉用以衬托茶的颜色；质薄如纸以使其得以起香。

品茗杯不仅外形要有特色，要注重杯子的大小、壁厚程度、杯口的弧形等特征，还要注意在色泽上（特别是内壁色泽）更应宜茶。如品茗杯，特别是工夫茶小杯，应拢指端杯有稳定感，品茗时有舒适的口感。

茶杯"不薄则不能起香，不洁则不能衬色"。

取杯

🔔 如何正确使用品茗杯？

1.取杯：拇指及食指分别在杯子两侧，中指顶住杯底。

2.温杯：

①手温杯法：将食指和大拇指抓住杯子两侧，中指顶住杯底，碗口向左，依次将第一杯倒翻在第二杯中转动四五周取出放在原位，以此类推。第二杯在第三杯中温洗，最后一杯返回在第一杯中温洗。

②茶夹温洗法：从卫生角度考虑，提倡用茶夹温洗品茗杯。先将茶夹夹住杯子左侧，向右翻倒，置放在第二杯中温洗，同上以此类推。

3.将茶汤倒入品茗杯中，分三小口喝下去，鉴别茶汤的滋味。

手温杯法

茶夹温杯法

盖碗

杯盖轻拨茶叶

闻香杯

搓动闻香杯闻香

⑤ 如何选择盖碗？

选择盖碗时应注意盖碗杯口的外翻程度，外翻弧度越大越容易拿取，冲泡时不易烫手。一般用瓷的盖碗比较多。

⑤ 如何正确使用盖碗？

1.温盖碗：左手持杯身中下部，右手按住杯盖，逆时针方向将杯旋转一周。再掀开杯盖，让温杯的水顺着杯盖流入水盂或茶盘，同时右手转动杯盖温烫。

2.饮用时，先用盖撩拨漂浮在茶汤中的茶叶，再饮用。

用盖碗品茶时，杯盖、杯身、杯托三者不能分开使用，否则既不礼貌又不美观。

⑤ 如何选择闻香杯？

闻香杯一般选用瓷的比较好，因为用紫砂的，香气会被吸附在紫砂里面。但从冲泡品饮来说，还是紫砂好。如果是单纯用来闻香气，最好选用瓷的闻香杯。

⑤ 如何正确使用闻香杯？

1.闻香：将闻香杯的茶汤倒入品茗杯后，双手持闻香杯闻香。或双手搓动闻香杯闻香。

2.闻香杯通常与品茗杯、杯垫一起使用，几乎不单独使用。但有的茶具店会把单件的闻香杯放在茶桌上，起装饰效果。

🍵 如何选择随手泡？

1.选购名牌随手泡，产品质量和售后有保障。

2.选择具有温控功能的随手泡，能防止干烧，更安全。

一般来说，用不锈钢壶搭配电热炉和电磁炉最为常见；玻璃壶或陶壶则与酒精加热炉搭配；陶壶和铁壶与炭炉搭配；铁壶还可以和电磁炉搭配使用。

🍵 如何正确使用随手泡？

1.新买的随手泡，尤其是陶质和铁质的，在第一次使用前，应加水煮开，并多浸泡一会儿，以除去壶中的异味。

2.当在野外泡茶用电烧水不方便时，可考虑生炭火，用陶壶或者铁壶煮水即可。

🍵 如何正确使用公道杯？

1.泡茶时，为了避免茶叶长时间浸泡，致使茶汤太苦太浓，应将泡好的茶汤马上倒入公道杯内，随时分饮，以保证正常的冲泡次数中所冲泡的茶汤滋味大体一致。

2.公道杯的容量大小应与茶壶或盖碗相配，一般来说，公道杯的容量应该稍大于茶壶和盖碗。

公道杯有瓷、紫砂、玻璃质地，最为常用的是瓷质和玻璃质地的。

🍵 如何正确使用水盂？

1.如果没有茶盘和废水桶，可以使用水盂来承接沸水和茶渣，简单又方便。

2.水盂容积小，因此要及时清理废水。

🍵 如何正确使用茶荷？

1.拿取茶叶时，手不能与茶荷的缺口部位直接接触。

2.标准拿茶荷姿势：拇指和其余四指分别捏住茶荷两侧部位，将茶荷放在虎口处，另外一手托住底部，请客人赏茶。

手远离茶荷缺口

🍵 如何正确使用茶刀？

1.先将茶刀横插进茶饼中，用力慢慢向上撬起，用拇指按住撬起的茶叶取茶。

2.紧压茶一般较紧，撬取茶叶时要小心，以免茶刀伤到手。

用拇指取茶

🍵 如何正确使用茶巾？

1.折叠茶巾的方法一：将茶巾等分三段分别向内对折；再等分四段，重复以上过程。方法二：首先将茶巾等分三段，分别向内对折；再等分三段重复以上过程。

2.茶巾只能擦拭茶具，而且是擦拭茶具饮茶、出茶汤以外的部位，不能用来清理泡茶桌上的水、污渍、果皮等物。

1.将茶巾下端向上平折至中心线处。

2.将茶巾上端向下平折至中心线处。

3.将茶巾右端向左竖折至中心线处。

4.将茶巾左端向右竖折至中心线处。

5.将茶巾对折。

6.叠好的茶巾。

如何选择茶叶罐？

选择茶叶罐最重要的是密封性好，其次是质地无味，而且防潮、不透光。因为茶味易散，其性又非常吸潮，更易被别的味异化，跑味或变味。

如何正确使用茶叶罐？

陶罐

瓷罐

锡罐

1.根据不用的茶叶选择不同材质的茶罐，比如存放铁观音或茉莉花茶等香味重的茶，宜选用锡罐、瓷罐等不吸味的茶罐。而普洱茶在存放过程中需要与空气接触，产生缓慢变化，使香气与口感得到提升，因此存放普洱茶最好选用透气性好的纸、陶等质地的茶罐。

2.购买多种茶类时，最好分别用不同的茶叶罐装置，可在茶罐上贴张纸条，上面清楚写明茶名、购买日期等，方便使用。

3.新买的罐子，或原先存放过其他物品留有味道的罐子，可先用少许茶末置于罐内，盖上盖子，上下左右摇晃，轻擦罐壁后倒弃，以去除异味。

什么是废水桶？

泡茶过程中，需要用一根塑料导管把水从茶盘里导出，废水桶就是用来贮放废水、茶渣的器具。一般有竹、木、塑料、不锈钢等材质。

如何正确使用废水桶?

1.废水桶的上层是带孔的"筛漏",用来隔离茶渣。"筛漏"层还有一圆柱形管口,可以连接导管,使废水流入桶里。

2.要注意清理废水桶里的废水,以免遗留茶渍。

什么是飘逸杯?

很多场合,不方便进行复杂的茶艺流程,使用飘逸杯,就方便多了。

飘逸杯泡法尤其适合办公室使用。放置一定量的茶叶后,冲泡好,倒入杯中品饮。或者直接大杯冲泡,浓淡随意。

飘逸杯的滤网,让人可通过茶叶浸泡时间长短来控制茶水浓淡。

蜗牛茶玩

什么是茶玩?

茶玩又名茶趣具、茶宠,用来装点和美化茶桌,是相当一部分爱茶人士必备的爱物。

茶玩多数以紫砂陶制作。造型千姿百态,有动物的如小猪、小狗,也有人物的如弥勒佛、童子等。泡茶、品茶时,和茶桌上的"茶玩"一起分享甘醇的茶汤,别有一番情趣。

紫砂茶玩和紫砂壶一样是需要"养"的,要煮要烫要用茶汤滋润,定期用刷子清扫,用茶巾摩挲,才会越发有光泽,有灵性。

⑥ 什么是旅行茶具？

　　旅行玩的是份好心情，喝茶图的也是份好心情，茶具自然也应该令人心旷神怡。选择茶具的标准，是无论什么时候想喝茶，无论在哪个地方坐下品茶，都能有一杯在手。看看茶具，把玩茶具，都能增添兴致，带来乐趣。

　　旅行茶具多是宜兴紫砂名壶、瓷壶、品茗杯、茶夹，配以竹木、陶瓷等制成的手提盒，造型古朴典雅，轻巧方便，兼具实用、玩赏之功能。

旅行茶具包　　　　　　　　　　　　品茗杯

盖碗　　　　　　　　　　　公道杯

旅行茶具

⑥ 什么是选壶的三平法？

　　三平法选壶：壶的嘴、口、把，三点成一线，上下落差不得大于5毫米。壶嘴不能低于壶口，壶把应和壶口相平。另外，上把与下把要在同一垂直线上。当然，好壶的评判并不限于此法。

壶口、壶嘴、壶把在同一平面上

⑥ 如何选购紫砂壶?

选购紫砂壶要注意以下几点:

1.听声音,敲击壶身,不能有碎裂声,声音既不能太沉闷又不能太尖锐。

2.看禁水效果如何。在装满水后用手指按在气孔上,如果倒不出水,说明壶盖和壶口紧密,能保住水温、茶香,就是好壶。

3.看止水情况如何。在注水时,突然把壶持平,看壶口下有没有滴水和水珠挂着,如果有,那就是有缺陷的壶。

4.看壶的容积和重量比例恰当,壶把提用方便,应该根据自己品饮习惯和持壶力气的大小来选择,装满水后,一手拿着壶把,没有不自在和吃力的感觉。

5.看壶内壁是否干净光滑,壶身通向壶嘴地地方单孔、多孔网状、球形网状几种,孔太粗太细均不好。

⑥ 如何使用新买的紫砂壶?

一件新壶启用之前,应先用砂布将茶壶外表通身仔细打磨一遍。如果没有旧砂布,可将新砂布自相摩擦,使锋头减退后再磨壶身。但打磨只能适可而止,不可过分,以免损伤壶面。

然后洗净内外的泥粉砂屑,用开水烫过,便可泡茶了。新壶注满热茶时,不时用干净的湿布揩拭壶身,时日稍久,壶身便色泽深黯沉静,发出雅光。认真使用十天半月之后,壶的外观就大不一样了。使用愈久,愈是夺目,所以紫砂壶有愈用愈新的说法。

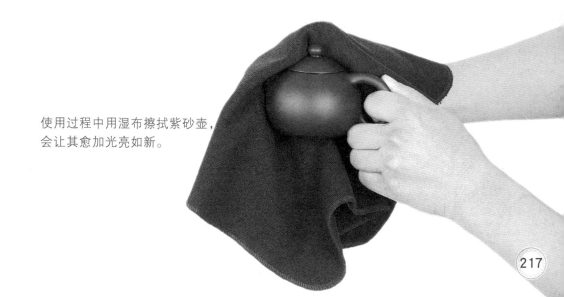

使用过程中用湿布擦拭紫砂壶,会让其愈加光亮如新。

使用后的紫砂壶一定要擦干摆放，才能历久弥新。

⑥ 紫砂茶壶如何保养？

紫砂壶的好处之一是能"裹住香气，散发热气"，久用能吸收茶香，更能透出油润光泽。有人说紫砂壶愈用得久愈值钱，说的就是这个道理。

日常保养紫砂壶应特别注意下面几点：

1.用完后的紫砂壶必须保持壶内干爽，勿积存湿气。

2.放在通风的地方，不宜放在闷燥处，更不可认为珍贵，用后包裹或密封。

3.勿放在多油烟或多尘埃的地方。

4.最好用完后把壶盖侧放，勿常将壶盖密封。

5.壶内勿常常浸着水，应到要泡茶时才冲水。

6.最好多备几个好的紫砂壶，喝某一种茶叶时只用指定的一个壶；不可喝什么茶叶都用同一个壶，应加以识别，以免混乱。

7.切勿用洗洁精或任何化学物剂浸洗紫砂壶，否则会把茶味洗擦掉，并使外表失去光泽。

8.每次用完后，用纱布吸干壶外面的水分，接着倒出壶内的三分之二的叶底，留下约三分之一，冲进沸水，焗两三次，冲过的水留用，然后清理干净所有的叶底，将冲过的水浇匀壶上，最后用布轻轻擦干。

⑥ 为什么宜兴紫砂茶具好？

宜兴紫砂茶具，泡茶既不夺茶真香，又无熟汤气，能较长时间保持茶叶的色、香、味。紫砂茶具还因其造型古朴别致、气质特佳，及经茶水泡、手摩挲，会变为古玉色而备受人们青睐。

⑥ 为什么紫砂茶壶盛茶不易馊？

据有关专家研究，一般陶瓷茶具，器壁光滑，渗透性差，其凝聚的水珠滴落后，使茶水频繁搅动，容易促使好气性霉菌繁殖，造成茶水发馊变质。而紫砂壶的陶质壶壁粗糙，渗透性强，且壶盖有气孔，能吸收水蒸气，不至在盖上形成水珠，因此，用宜兴紫砂壶盛茶水不易发馊。

⑥ 喝不同的茶需要选不同的茶杯吗？

喝不同的茶用不同的茶杯。比如为便于欣赏普洱茶茶汤颜色，最好选用杯子内面是白色或浅色的茶杯。根据茶壶的形状、色泽，选择适当的茶杯，搭配起来也颇具美感。

普洱茶汤在白色内壁的茶杯的衬托下，更加透亮。

拾贰

寻好水

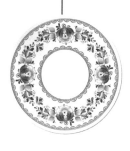

好茶需有好水来相称，才能相得益彰。《红楼梦》中，妙玉为了求得好水泡茶，特意收集了寺院梅花上的雪，藏在瓷瓮里，埋在地下，时隔五年才尝一回。今时，我们恐怕再难尝到这大自然恩赐的佳水了，但泡茶之水，也需好好抉择一番才好。

🌀 什么样的水适合泡茶？

水是茶的载体，用好水泡茶，才能闻到茶的清香，尝到茶的甘醇，赏玩茶汤的美好色泽。所以选水很重要。

符合"源、活、甘、清、轻"五个标准的水才算得上是好水。出自何处称源；有源头而常流动的水谓活；水略有甘味叫甘；水质洁净透澈名清；分量轻是指水的硬度要低，即水中可溶性钙、镁化合物的含量要少，这样更有利于茶叶中的多酚类物质、氨基酸、咖啡因等物质的浸出。

🌀 山泉水适合泡茶吗？

山泉水大多出自岩石重叠的山峦。山上植被繁茂，从山岩断层细流汇集而成的山泉，富含二氧化碳和各种对人体有益的微量元素；而经过砂石过滤的泉水，水质清净晶莹，含氯、铁等化合物极少，用这种泉水泡茶，能使茶的色香味形得到最大发挥。

但也并非山泉水都可以用来沏茶，如硫磺矿泉水是不能沏茶的。另一方面，山泉水也不是随处可得，因此，对多数茶客而言，只能视条件和可能去选择宜茶水品了。

⑥ 可以用自来水泡茶吗？

自来水是城市居民使用最为方便的水源。自来水中含有用来消毒的氯气，因为在水管中滞留的时间长，还含有较多的铁质。

当水中的铁离子含量超过万分之五时，会使茶汤呈褐色，而氯化物与茶中的多酚类作用，又会使茶汤表面形成一层"锈油"，喝起来有苦涩味。

所以用自来水沏茶，最好用无污染的容器，先贮存一天，待氯气散发后，再煮沸沏茶，或者用净水器将自来水净化，这样就可成为较好的沏茶用水。

直接用自来水烧开泡茶，会加重茶汤颜色，容易导致口感苦涩。

⑥ 矿泉水适合泡茶吗？

矿泉水是从地下深处自然涌出的，或经人工揭露的未受污染的地下矿水。质地优良的矿泉水也是较好的泡茶用水。矿泉水的选取以近地原则为主，因为本地水泡本地茶比较合适。

⑥ 纯净水适合泡茶吗？

现代科学的进步，采用多层过滤和超滤、反渗透技术，可以将一般的饮用水变成不含有任何杂质的纯净水，并使水的酸碱度达到中性。

用这种水泡茶，不仅因为净度好、透明度高，沏出的茶汤晶莹透澈，而且香气滋味纯正，无异杂味，鲜醇爽口。市面上纯净水品牌很多，大多数都宜泡茶。

冰川或优良产地的矿泉水，可激发茶味的挥发。

纯净水不含杂质，泡出的茶香气高远，鲜爽甘醇。

⑥ 可以用井水泡茶吗？

井水属地下水，悬浮物含量少，透明度较高。但多为浅层地下水，特别是城市井水，易受周围环境污染，用来沏茶，有损茶味。所以，若能汲得活水井的水沏茶，同样也能泡得一杯好茶。

唐代陆羽《茶经》中说的"井取汲多者"，明代陆树声《煎茶七类》中讲的"井取多汲者，汲多则水活"，说的就是这个意思。明代《玉堂丛语》清代窦光鼐、朱筠的《日下归闻考》中都提到的京城文华殿东大庖井，水质清明，滋味甘洌，曾是明清两代皇宫的饮用水源。福建南安观音井，曾是宋代的斗茶用水，如今犹在。

井水

⑥ 江、河、湖水可以泡茶吗？

江、河、湖水属地表水，含杂质较多，浑浊度较高，一般说来，沏茶难以取得较好的效果，但在远离人烟，又是植被生长繁茂之地，污染物较少，这样的江、河、湖水，仍不失为沏茶好水。如浙江桐庐的富春江水、淳安的千岛湖水、绍兴的鉴湖水就是例证。

湖水

唐代陆羽在《茶经》中说："其江水，取去人远者。"说的就是这个意思。唐代白居易在诗中说："蜀水寄到但惊新，渭水煎来始觉珍"，他认为渭水煎茶很好。唐代李群玉曰："吴瓯湘水绿花新"，是说到了用湘水泡茶的情趣。明代许次纾在《茶疏》中更进一步说："黄河之水，来自天上。浊者土色，澄之即净，香味自发。"言即使浊混的黄河水，只要经澄清处理，同样也能使茶汤香高味醇。这种情况，古代如此，现代也同样如此。

⑥ 现在还能像古人一样收集雨水、雪水泡茶吗？

古人将雨水和雪水称为"天泉"。尤其是雪水，更为古人所推崇。唐代白居易的"扫雪煎香茗"，宋代辛弃疾的"细写茶经煮茶雪"，元代谢宗可的"夜扫寒英煮绿尘"，清代曹雪芹的"扫将新雪及时烹"，都是赞美用雪水沏茶的。

至于雨水，一般说来，因时而异：秋雨，天高气爽，空中灰尘少，水味"清冽"，是雨水中上品；梅雨，天气沉闷，阴雨绵绵，水味"甘滑"，较为逊色；夏雨，雷雨阵阵，飞砂走石，水味"走样"，水质不净。

但无论是雪水或雨水，只要空气不被污染，与江、河、湖水相比，总是相对洁净，是沏茶的好水。可惜，近代不少地区，特别是工业区，由于受到工业烟灰、气味的污染，使雪水和天落水也变了质，走了样。因此，一般不建议用雨水或雪水泡茶。

⑥ 我国有哪些适合泡茶的名泉？

我国比较著名的适合泡茶的泉水主要有：山东济南趵突泉、山东淄博柳泉、云南安宁碧玉泉、四川邛崃文君井、四川峨眉玉液泉、北京玉泉、安徽黄山温泉、江西上饶陆羽泉、江西庐山谷帘泉、江西庐山招隐泉、江苏无锡惠山泉、江苏扬州大明寺泉水、江苏苏州石泉水、江苏镇江中泠泉、浙江天台山千丈瀑布水、浙江长兴金沙泉、浙江杭州龙井泉、浙江杭州虎跑泉、浙江桐庐严陵滩水、浙江雁荡大龙湫、湖北当阳珍珠泉、湖北宜昌陆游泉、湖北宜昌蛤蟆泉、福建武夷山九曲溪等。

拾叁

泡茶与茶艺

泡茶、茶艺虽离不了好茶、好具、好水，但归根结底，离不开的是人心。不同人品茶，品出不一样的滋味，或是隽永持久，或是余韵袅袅，亦或是热烈高昂……只要你欣喜一杯茶，在那氤氲香气中，放开你的心，静静体悟，那么所谓人生百味尽在其中。

🍵 一杯茶冲泡几次为宜？

茶类不同，耐泡程度便不一样。非常细嫩的高级绿茶并不耐泡。普通红绿茶常可冲泡3~4次。茶叶的耐泡程度与茶叶嫩度固然有关，但更多的与加工后茶叶的完整性有关。

加工越细碎的，越容易使茶汁冲泡出来，越粗老越完整的茶叶，茶汁冲泡出来的速度越慢。但无论什么茶，第一次冲泡，浸出量都能占可溶物总量的50%以上，普通茶叶第二次冲泡，浸出量一般为30%左右，第三次为10%左右，第四次只有1%~3%。

从营养的角度看，茶叶中的维生素C和氨基酸，第一次冲泡后，有80%被浸出，第二次冲泡后，95%以上都已浸出，其他有效成分，如茶多酚、咖啡因等，也都是第一次浸出量最大，经3次冲泡后，基本达到全量浸出。

由此可见，一般的红、绿、花茶，冲泡次数通常以3次为度。乌龙茶因冲泡时投茶量大，可以多冲泡几次，以红碎茶为原料加工包装成的袋泡茶，由于易于浸出，通常适宜于一次性冲泡。

🍵 泡茶的水温有什么要求？

一般说来，泡茶水温与茶叶中有效物质在水中的溶解度呈正相关。水温愈高，溶解度愈大，茶汤也愈浓。反之，水温愈低，溶解度愈小，茶汤也愈淡。

但不同的茶类对水温的要求是不一样的。冲泡芽叶柔嫩的绿茶水温不宜过高，一般以85℃左右的"开水"为宜，而冲泡一般红、绿、花茶，则水温要高些。冲泡乌龙茶的水温则必须用达100℃沸水。水温无论高低，都必须是达到沸点的开水。所谓85℃"开水"就是指稍微冷却后的沸水。

好的红茶一般到第三、第四泡，茶汤的颜色、滋味、香气才能达到最好。

三泡四泡是精华

二泡茶

一泡茶

浸润

⑥ 泡茶时茶与水的比例一般是多少？

泡茶时，茶与水的比例没有统一的标准。一般地说，茶多水少则味浓，茶少水多则味淡。如何掌握适度，则要根据茶叶的种类、茶具的大小及饮用者的习惯来确定。

如冲泡一般的红、绿茶，茶与水的比例大致可以掌握在1:50~1:60，即每杯放3克左右的干茶，加入150~200毫升的沸水即可。如饮用普洱茶、乌龙茶，同样的茶杯(壶)和水量，用茶量则应高出一般红茶、绿茶的一倍以上。少数民族嗜好的砖茶，茶汤浓度高，其分解脂肪、帮助消化的功能也强，因此煎煮时，茶和水的比例可以达到1:30~1:40，即50克左右的砖茶，用1500~2000毫升的水。

⑥ 可以用冷水泡茶吗？

旅游途中，不便得到开水，此时不妨采用冷水泡茶法。炎炎夏日，将泉水放冰箱冷藏后取出泡茶，也能体味一丝清凉。

每种茶叶都适合用冷水泡茶，一般来说，发酵时间愈久，茶中的含磷量就相对愈高，冷泡茶应尽量选择含磷量较低的低发酵茶。以最常见的茶品来说，绿茶发酵程度较低，乌龙茶次之，发酵程度较高的是铁观音、红茶、普洱茶。因此，冷水泡茶最适宜选用绿茶。

⑥ 冷藏过的茶叶如何泡？

冷藏或冷冻后的茶，一定要先从小箱取出，使茶恢复至常温时，再打开冲泡。如果从冰箱取出即打开，茶易吸水受潮，一罐茶就易变质。

为什么不能用保温杯泡茶？

茶叶中含有大量的茶多酚、咖啡因、芳香油和多种维生素，用80℃左右水冲泡比较适宜。如果用保温杯长时间把茶叶浸泡在高温的水中，就如同用微火煎煮一样，会使茶叶中的维生素遭到破坏，芳香油大量挥发，茶多酚、咖啡因大量渗出。这样不仅降低了茶叶的营养价值，也没有了茶香。

保温杯不宜泡茶

所有茶叶都需要温润泡吗？

除了袋泡茶不用温润泡，其他茶叶都需温润泡。

冲泡茶叶时，第一次注水入壶随即倒掉的过程称为"温润泡"。温润泡的用意在于使揉捻过的茶叶稍微舒展，以利于第一泡茶汤发挥出应有的色、香、味。这时茶叶吸收了热度与温度，再次冲泡时，可溶物释出的速度会加快，所以实施温润泡的第一道茶，浸泡时间要缩短。

为什么用山泉水泡茶最好？

山泉水是经过很多砂岩层渗透出来的，相当于多次过滤，不再存有杂质，清澈甘美，且含有多种无机物；以此种水沏茶，汤色明亮，并能充分地显示出茶叶的色、香、味。

冲泡时，如何让袋装茶的棉线不掉进杯子里？

采用恰当的顺序冲泡袋装茶，才能免于棉线掉入杯中的麻烦。

袋装茶的正确冲泡方式为：

1.先向杯中冲入约1/3开水。

2.再放入茶包，棉线上的标签要留在杯外。1~2分钟后提棉线上下搅动。

如果先放茶包再注水，会影响茶汤的香气和滋味，棉线和标签也容易被冲入杯中。

⑥ 用玻璃杯泡茶时烫手怎么办？

冲泡茶叶用的玻璃杯通常都是厚底的。如果在冲水时玻璃杯导热快，可以握住底部，以免烫手。

⑥ 奉茶时需要注意什么？

由于中国南北待客礼俗各有不同，因此可不拘一格。最常用的是双手奉茶。奉茶时要注意先长后幼，先客后主。

斟茶时不要太满，"茶倒七分满，留下三分是情意"。七分满的茶杯好端，不易烫手。

同时，在奉有柄茶杯时，一定要注意茶杯柄的方向是客人的顺手面，方便客人用右手拿柄。

双手奉茶

⑥ 茶叶苦涩味重是水温惹的祸？

水温高，苦涩味会加强，水温低，苦涩味减弱。所以苦味太强的茶，可降低水温以减轻苦味；涩味太强的，除水温要降低外，浸泡的时间也要缩短。为达所需的浓度，苦味的茶就必须增加茶量，或延长时间；涩味的茶要增加茶量。

茶量可根据茶汤苦涩程度适当添加。

⑥ 闻香一定要用闻香杯吗？

闻香的方式分为三种：一是用品茗杯闻茶汤香气；二是用闻香杯闻香；三是用盖碗泡茶，闻茶汤香和盖香。所以闻香不是只能用闻香杯，一般冲泡工夫茶的时候常会用到闻香杯。

如何将闻香杯里的茶汤倒入品茗杯?

双手操作

单手操作

当茶汤分到闻香杯中后,将品茗杯倒扣在闻香杯上。双手食指抵闻香杯底,拇指按住品茗杯快速翻转,将茶汤倒入品茗杯;或者拇指按住品茗杯的杯底,中指和食指夹在闻香杯的中下部迅速翻转,如鲤鱼翻身状,使茶汤进入品茗杯。

"凤凰三点头"有何寓意?

冲泡绿茶时也讲究高冲水,即手提水壶高冲低斟反复三次,好似凤凰向客人点头致意。"凤凰三点头"的寓意是向客人三鞠躬以示欢迎,是对客人表示敬意,同时也表达了对茶的敬意。

什么是"关公巡城"和"韩信点兵"?

"关公巡城"指依次来回往各杯斟茶水;"韩信点兵"指斟茶至壶中茶水剩少许后,则往各杯点斟茶水。目的是通过分茶,使各杯茶汤能达到均匀一致。先将各个小茶杯或"一"字、或"品"字、或"田"字排开,采用来回提壶斟茶。如此,称之为"关公巡城"。

关公巡城

留在茶壶中的最后几滴茶,往往是茶汤的最精华醇厚部分,所以要分配均匀,以免各杯茶汤浓淡不一,把茶汤精华依次点到各个茶杯中,称"韩信点兵"。

韩信点兵

⑥ 为什么有的地方紧压茶常用烹煮法？

紧压茶甚为紧实，仅用沸水冲泡难以将紧压茶的茶汁浸出。因此，饮用紧压茶时，首先必须将紧压茶捣成小块或碎粒状，而后再放在铁锅或铝壶内烹煮才可。在烹煮过程中，还要不断搅动，烹煮较长时间，方能使茶汁充分浸出。

同时，习惯饮紧压茶的人，多是中国边陲的一些少数民族。他们主要居住在西藏、新疆、内蒙古一带，这里的高原地带，气压低，水不到100℃就沸腾了。用这样的水冲泡紧压茶，当然不容易将茶汁浸出了。即使是烹煮，也得花较长的时间，这就是饮紧压茶为什么不用冲泡法而用烹煮法的道理所在。

⑥ 茶艺表演时，女性可以化妆吗？

茶艺更看重的是气质，所以表演者应适当修饰仪表。如果是天生丽质，则整洁大方即可。女性可以淡妆，表示对客人的尊重，以恬静素雅为基调，切忌浓妆艳抹，有失分寸。

⑥ 泡茶时的坐姿应该是什么样的？

坐在椅子或凳子上，端坐中央，使身体重心居中。双腿膝盖至脚踝并拢，上身挺直，双肩放松；头上顶，下颏微敛，舌抵上腭，鼻尖对肚脐。全身放松，思想安定、集中，姿态自然、美观。

⑥ 泡茶时的跪姿应该是什么样的？

双膝跪于座垫上，双脚背相搭着地，臀部坐在双脚上，腰挺直，双肩放松，向下微收，舌抵上腭，双手搭放于前，女性左手在下，男性反之。

⑥ 泡茶时的站姿应该是什么样的？

站姿好比是舞台上的亮相，十分重要。应双脚并拢，身体挺直，头上顶，下颌微收，眼平视，双肩放松。

女性双手虎口交叉（右手在左手上），置于脐上；男性双脚呈外八字微分开，身体挺直，头上顶，下颌微收，眼平视，双肩放松，双手交叉（左手在右手上），置于小腹部。

⑥ 泡茶时的行姿应该是什么样的？

女性为显得温文尔雅，行走时上身不可扭动摇摆，保持平稳，移动双腿，直线跨步，双肩放松，头上顶，下颌微收，两眼平视。

男性行走时，双臂随腿的移动在身体两侧自由摆动。转弯时，向右转则右脚先行，反之亦然。正面与客人相对，跨前两步进行各种茶道动作，当要回身走时，应面对客人先退后两步，再侧身转弯，以示对客人尊敬。

⑥ 什么是屈指代跪？

奉茶者给客人奉茶或斟茶时，客人将右手食指和中指并拢微曲，轻轻叩击茶桌两下，以示谢意。这是茶桌上特有的谢茶礼。

相传乾隆皇帝下江南时，一行人来到茶馆喝茶，店主把茶壶递给乾隆。乾隆一时兴起提壶斟茶，太监非常惶恐，又不能马上下跪谢恩暴露皇帝身份，情急之下就将右手的食指与中指并拢，指关节弯曲做跪拜状，在桌上轻轻叩击。渐渐地，这一谢茶礼就在民间流传开来。

现在无论是晚辈对长辈，还是下级对上级，就是平辈之间接受奉茶时，都会双指并拢轻叩桌面以示谢意。或不必弯曲，用指尖轻轻叩击桌面两下，显得亲近而谦恭有礼。

⑥ 什么是茶艺表演时的寓意礼?

茶艺自古以来形成了许多带有寓意的礼节。

如最常见的为冲泡时的"凤凰三点头",即手提水壶高冲低斟反复三次,寓意是向客人三鞠躬以示欢迎。

茶壶放置时壶嘴不能正对客人,否则表示请客人离开。

茶席上,茶壶的嘴不要对着客人。

回转斟水、斟茶、烫壶等动作,右手必须逆时针方向回转,左手则以顺时针方向回转,表示招手,欢迎客人来观看。

⑥ 茶艺表演时的"伸掌礼"是何时使用的?

当主人向客人敬奉各种物品时都简用此礼,意思为"请"和"谢谢"。伸掌姿势为三指并拢,手掌略向内凹,侧斜之掌伸于敬奉的物品旁,同时欠身点头,动作要一气呵成。

伸掌礼

⑥ 客来敬茶要注意什么?

客来敬茶是中国人的一种传统美德。虽然区区清茶一杯,然而这是一种高尚的礼仪。

客来敬茶应注意:

1.饮茶场所要清洁卫生,最好有幽雅的氛围;

敬茶时,一定要双手奉茶。

2.茶具要与茶类适应,清洁卫生;

3.要向客人介绍茶名,必要时让客人观赏一下茶的外形;

4.撮茶切忌用手抓,茶水比例要适宜;

5.品饮时宜缓不宜急,并注意适时添水续泡;

6.能介绍一些有关这种茶叶的产地、风貌、品质特点,以增添情趣。

青花茶储

拾肆

储茶

储茶一道，看似小，却是不容忽视的大问题。储存好茶叶是泡好茶、品好茶的基础，若是好不容易买到的好茶，却因存储不当，而暴殄天物，该是多么令人痛心的事情。

🍵 茶叶为什么会变质?

茶叶变质的原因包括:叶绿素的变化、茶多酚的氧化、维生素的减少、类脂物质的水解和胡萝卜素的氧化、氨基酸的变化、香气成分的变化等。影响茶叶变质的环境条件主要是:温度、水分、氧气、光照。

变质的茶叶晦暗、干枯。

🍵 茶叶贮存最忌讳什么?

因为茶叶非常干燥,而且茶叶的吸附性也比较强,很易吸收周围的异味,如将茶叶放在樟木箱中,数小时后,茶叶就会吸附樟木气,且不易消除。

故贮存茶叶最忌周围有异味的东西,如肥皂、樟脑、化妆品等,以免茶叶吸附异味而影响饮用价值。

茶叶也不能与含水量高的食品等存放在一起,防止茶叶吸收其中的水分而受潮变质。茶叶避光避热,才能保存较长时间。

茶叶罐宜单独放在阴凉干爽处。

🍵 新买的茶叶怎么储存?

购好的新茶,最好尽快装入茶叶罐中。但在装茶叶前先要去除罐中异味。方法是将少许茶放入罐中后摇晃,或将铁罐用火烘烤一下。茶叶放入罐时,最好连同包裹茶叶的包装袋一起放入。

上下左右摇动茶叶罐去除异味。

⑥ 在家如何储存茶叶？

买回的小包装茶，无论是复合薄膜袋装茶或是听罐包装茶，都必须放在干燥的地方。如果是散装茶，可用干净的白纸包好，置于有干燥剂（如块状未潮解石灰）的罐、坛中，坛口盖严。

如茶叶数量少而且很干燥，也可用两层防潮性能好的薄膜袋包装密封好，放在冰箱中，至少可保存半年基本不变质。总之，保存茶叶的条件：一是要干燥，二是最好低温（5℃左右）。

茶叶若有原包装，不要破坏，一起放入茶叶罐储存，更利干燥。

⑥ 茶叶较多时如何储存？

茶叶较多时,可采用以下方法储存:

1.先将茶叶烘干（或炒干），使茶叶含水率在6%以下。

2.将茶叶装入布袋，外套塑料袋，增加抗潮能力。质量好的茶叶可装入外销用的衬有铝箔的胶合板箱，钉紧箱盖。

装布袋时，切勿直接用手，而应用茶则装取茶叶。

3.将包装好的茶叶放入茶叶专用仓库，仓库必须高度干燥、清洁、无异味。并可配置吸湿机，经常吸去空气中的水汽，以利干燥。仓库内严禁存放有毒、有害、有异味的物品。

4.条件允许的话，可建造冷藏库，以贮藏名优茶与高档茶。

5.空气潮湿季节，仓库胶门要少开，以免潮气入侵。

⑥ 贮藏茶叶时可以用硅胶吗?

贮藏茶叶可以应用硅胶,硅胶有吸湿作用,是一种常用的干燥剂,可在容器贮藏法中应用,它可吸收容器内空气的水分,使空气干燥。它的用量约为茶叶的十分之一。

硅胶呈深蓝色,吸湿后变为红色,经日晒、炒或烘后,去除水分,又恢复白色,可继续使用。

白色的硅胶除湿能力很强,一旦变红要及时日晒。

⑥ 什么是瓦坛贮藏法?

瓦坛贮藏法是指用牛皮纸把茶叶包好,茶叶的水分含量不超过6%,即通常用手捻茶易成粉末状的水平,然后把茶包置于优质陶瓷坛的四周,中间放块状石灰包(或硅胶),石灰包大小视放置茶叶多少而定;用棉花或厚软草纸垫于盖口,减少空气交换。石灰视吸湿程度一两个月换一次。

⑥ 热水瓶怎么贮藏茶叶?

热水瓶有良好的防潮及阻氧能力,可以贮藏茶叶,关键是要处理好瓶塞的密闭问题。一般将干燥的茶叶灌满热水瓶后,把瓶塞盖紧,用石蜡封住,再用胶布包之。

这种方法,对茶叶的保质效果较好,但取茶不方便,故宜与其他贮藏方法结合使用,即在购进茶叶数量较多时,一部分放入热水瓶贮藏,另一部分用铁听等其他方法贮藏,便于取饮,待茶叶饮用将完时,再启用热水瓶内的茶叶,倒出一部分,再用石蜡封口,继续贮藏。

⑥ 什么是抽氧充氮法？

抽氧充氮法是指即将茶叶装入复合袋内，抽出袋内空气，充入氮气，利用氮气的惰性使茶叶在缺氧条件下贮藏。此法效果甚佳，但需要使用专用的包装袋和抽气充氮设备。

⑥ 玻璃瓶适合贮藏茶叶吗？

玻璃瓶不适宜贮藏茶叶。玻璃瓶虽有良好的防潮、抗氧性能，但易透过光线产生光化反应而影响茶叶质量，即使是有色玻璃，也有相当影响。再者，玻璃瓶易受外力碰击而破碎，碎玻璃混入茶叶难以处理。

玻璃瓶不能贮藏茶叶。

⑥ 什么是铁听贮藏法？

铁听贮藏法是指将十足干燥的茶叶装入有双层盖的铁听内，尽量装满，以减少听内空气，有利于保持茶叶品质。

为了能更好地保持听内干燥，可以放入一二小包干燥的硅胶。如果是新买的铁罐，或是原先存放过其他物品有气味的铁罐，可将少许茶叶末置于听内，盖好盖，放置数天，可以把异味吸尽。装好后，盖好双层盖，盖口缝用胶带纸封紧。铁听外再套上两层塑料袋，扎紧袋口。采用此法，可在较长时间内保持茶叶品质。

为了密闭，可用胶带封住铁听口。

⑥ 什么是塑料袋贮藏法？

塑料袋是最普遍和通用的包装材料，品种繁多，性能各异，价格低廉，使用方便。用塑料袋保管茶叶是目前家庭存放茶叶最简便、最经济实用的方法之一，且容量变化比铁听自如。

这种方法首先需要选用食品用包装袋；其次是所用塑料袋材料密度要高一些；第三是要有一定的强度，以厚实一些为好。如一时不饮用的茶叶，可用蜡烛封口，然后再反套上一层塑料袋并封口，如此放入冰箱则效果更好。

塑料袋储存时，需要多套几层，密封效果才好。

⑥ 茶叶可以放在冰箱贮藏吗？

冰箱中可以贮藏茶叶。在冰箱中贮藏茶叶，使茶叶处于低温状态，有利于保质，但家用冰箱一般湿度大，故茶叶必须放在铁听或塑料袋中，并严密封住听盖和扎紧袋口，以免潮气侵入。同时，冰箱内不能有异味的食物，以免茶叶被感染。为了轻松避免这些问题，可以选用茶叶专用冷藏箱。

东西繁多的冰箱并不是储茶的最佳选择。

⑥ 花茶的贮存有什么特别要求？

铁罐、锡罐、密封性能良好的塑料袋都适合贮存花茶，放在避光、阴凉、干燥的地方保存即可。

但要特别注意的是，花茶的香气高，且极易吸附其他异味，因此，花茶要尽量单独存放。

花茶宜用铁罐或锡罐储存。

每隔 3 个月打开密封的普洱茶茶罐，检查一下茶叶是否完好。

普洱茶的贮存有什么特别要求？

洱茶分为生茶和熟茶。保存时应当注意以下几点：

第一，普洱茶存放地点应满足阴凉、干燥、通风，不受阳光直射，避免高温和潮湿；

第二，远离污染和气味浓厚的物品，注意密封保存，存储不当的茶容易出杂味、灰味。

第三，生茶和熟茶必须分开存放，且不能与不同种类茶品混放储存。

生茶需要陈化过程，以生成普洱茶的品质特点。陈化是茶叶中的成分发生缓慢变化的一个过程，一般需要在无异味、通风干燥的环境中进行，温度不能剧烈变化。陈化时间随普洱茶类型、陈化条件等有所不同。陈化后的普洱茶会产生一种独特的陈香，无论在品饮价值还是经济价值方面，都有一定程度的提升。

受潮后的茶叶怎么处理？

茶叶经营单位茶叶数量多，可使用烘干机烘干，烘干机的进机热空气宜控制在 90~100℃，也可用炒干机文火炒干，但效率较低。

在家庭中，茶叶数量少，可利用炒菜的锅子炒干。先用碱水洗净油气，用文火慢炒，温度要低（用手摸茶叶稍感热即可），炒前要筛去茶末，因茶末沉在锅底易焦而产生烟焦气。其次，也可利用微波炉烘干受潮的茶叶，但要严格掌握温度与时间，否则容易烘焦。如果有电烤箱，则在 105℃烘烤 10 分钟左右即可。

陆羽烹茶图

拾伍

茶史

茶，是一场旅程，伴随着人类的历史，度过了漫漫数千年。茶所走过的有一条茶马古道，有一条『丝茶之路』，有一段漂洋过海的航程……正是这一段段的旅程，让茶从汉族延续到了各少数名族，从中国走向了世界。茶实现了东、西方的一次重要会晤。

茶的原产地在哪?

中国是茶的故乡,中国的西南地区是茶树的原产地。该地区属热带和亚热带气候,生长着大片的原始森林,温暖、湿润的气候适宜茶树生长。至今在中国的云南、四川、贵州一带,生长着野生大茶树,树龄最高者达2700多年;人工栽培的大茶树也已有800多年的树龄。

为什么说我国西南地区是茶树的原产地?

我国西南的云贵高原,是茶树原产地的中心。

其依据是:第一,从近缘植物分布看,茶在植物学分类中属于山茶科山茶属。世界上的山茶科植物共23属380多种,我国西南至今就发现有15属260多种。其次,目前云贵高原保存有世界上数量最多、树型最大的古茶树,这也说明茶树原产我国西南。第三,从古地理古气候分析,我国云贵高原许多地区没有受到第四纪冰川的侵袭,具备茶树起源的生态条件。

自陆羽《茶经》,"茶"字开始通用。

我国古代"茶"字是如何演变的?

我国古代"茶"字的写法,最初为"荼(tú)"。大约从公元前4世纪到公元7世纪,先后出现了"槚(jiǎ)、蔎(shè)、荈(chuǎn)、诧、茗"等字。公元8世纪以后,才形成现代所用的"茶"字。

⑥ 我国茶叶最早的文字记载是什么？

公元前2世纪，西汉的司马相如在其所著的《凡将篇》中，记录了当时的20种药物，其中的"荈、诧"就是茶。成文于秦汉时期的《尔雅》一书中也载有"槚，苦茶"。这是到目前为止，我国所发现的有关茶叶的最早文字记载。

⑥ 我国哪些地方发现有野生的古茶树？

我国发现野生古茶树的地方很多。除云南的西双版纳和思茅地区发现有上千年的野生大茶树外，云南的昭通、金平、师宗、澜沧、镇康，贵州的赤水、道真、桐梓、普白、习水，四川的宜宾、古蔺及广西的凤凰、巴平等地，都发现了高达7~26米的野生大茶树。

⑥ 人工栽培茶树是从什么时候开始的？

吴理真是中国有记载的第一位种茶名人。他是西汉时蜀郡人，后人称他为甘露祖师。这个种植茶树的故事已完全被神化了。传说茶籽是仙女给的，种的自然也就是仙茶。现在四川蒙顶山上清峰，据说有他手植的8株仙茶树。后人说："仙茶八株，不生不灭，服之四两，即地成仙。"

临沧凤庆大茶树，被认为是世界上最粗的茶树。

🌀 茶圣陆羽是谁？

陆羽烹茶图

陆羽字鸿渐，又名疾。唐复州竟陵（今湖北天门）人。陆羽身世坎坷，是个弃儿，后为精于茶道的智积和尚收养，少年时先后遇到贬官至竟陵的李齐物与崔国辅，受到赏识与培养。

安史之乱后，陆羽流落湖州，后隐居苕溪。先后结识了湖州刺史大书法家颜真卿及好茶的诗僧皎然等。陆羽于此时乱中求静，躬身实践，遍游江南茶区，考察茶事。他以自己平生的饮茶实践和茶学知识，在总结前人经验的基础上写出了《茶经》。

🌀 陆羽《茶经》的主要内容是什么？

陆羽的《茶经》于公元780年出版，全书分上、中、下三卷，共十章。

上卷分三节。一之源（论茶树的原产地、特征和名称，自然条件与茶叶品质的关系以及茶叶的功效等）、二之具（论茶叶的采制工具及使用方法）、三之造（论茶叶采制和品质的鉴别方法）。

中卷仅有一节，四之器（列举烹饮用具的种类和用途）。

下卷包括六节，五之煮（论煮茶的方法和水的品第）、六之饮（论饮茶的方法、现实意义和历史沿革）、七之事（叙述上古至唐代有关茶事的记载）、八之出（论全国名茶的产地和优劣）、九之略（论述在一定的条件下，怎样省略茶叶的采制工具和饮茶用具）、十之图（指出《茶经》要写在绢上张挂座前，指导茶叶生产和烹饮的全过程）。

⑥ 陆羽《茶经》的历史意义是什么？

陆羽《茶经》的问世，具有划时代的意义。正是这部《茶经》，把中国茶文化发展到一个空前的高度。千百年来，历代茶人对茶文化的各个方面进行了无数次尝试和探索，直到陆羽《茶经》问世后，茶方大行其道。有诗云："自从陆羽生人间，人间相学事新茶。"

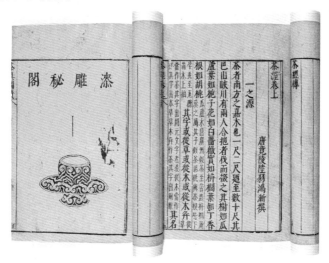

明·《茶经》

⑥ 我国茶种是怎么从原产地流向周边地区的？

我国茶种从西南地区的原产地大体循着一个由西向东、由南向北的方向，向周边地区扩散。主要沿着我国中部、南部几个大小水系向外传播。陆羽《茶经》中列举了东汉、三国至隋代，我国长江中下游及中部、南部地区产茶的情况，说明那时茶的种植已扩散到现在的湖北、湖南、安徽、江苏、浙江等地。

⑥ 茶是如何传入西藏的？

唐贞观八年（公元634年），唐太宗把文成公主许配给青藏高原新崛起的吐蕃王朝三十二世赞普松赞干布，入藏时文成公主带去了大批精美的工艺品及酒、茶叶等土特产。当时文成公主带去的茶叶叫"澭（yōng）湖含膏"，产于湖南岳州澭湖。据藏史载："赞王松布之孙（即松赞干布）始自大唐输入茶叶，为茶叶输入西藏之始。"

⑥ 我国茶叶是怎样通过海路传播到其他国家的?

　　早在隋文帝开皇年间(公元6世纪末),在中国向日本传播中土文化与佛教的同时,茶就传入日本。但从中国带回茶籽在日本种植,则是中唐以后的事。

　　唐德宗贞元二十年(公元804年),日本僧人最澄到天台山国清寺学法;翌年归国时带回茶籽,播种在日本滋贺县。另一僧人空海于唐德宗贞元二十二年(公元806年)归国,不仅带回茶籽,还带回制茶工具及制茶技术。到了宋代,日本荣西禅师留学中国,归国时带回茶籽播种于日本佐贺县,还撰写了《吃茶养生记》。

　　两宋时期,中国茶传入南亚诸国,当时北宋在广州、明州、杭州、泉州设立市司管理对外贸易,这些港口南洋诸国的商船往来频繁,当时输出的货物中就有茶叶。明代郑和七次下西洋,历经越南、爪哇、印度、斯里兰卡、阿拉伯半岛,最后到达非洲东岸,每次都带有茶叶。通过南亚诸国,茶叶转入地中海和欧洲各国,所以有人把它称为"海上茶叶之路"。

茶的海路传播

⑥ 我国茶叶是怎样通过陆路传播到其他国家的?

中国茶最早向外传播可追溯到南北朝时,在与突厥毗邻的边境,中国商人通过以茶易物的方式向土耳其输出茶叶。隋唐时期,随着边贸的发展,以茶马交易的形式,同时也通过丝绸之路,中国的茶叶经回纥及西域各国向西亚和阿拉伯等国输送。

公元六世纪下半叶,随着中国佛教"天台宗"传入朝鲜,中国茶也被带入朝鲜半岛。在塞外边境进行的茶马互市交易中,茶进入突厥后,辗转西伯利亚抵达欧洲东部地区。

茶由陆路向外传播的结果,是在与中国的西北边境接壤的中亚、北亚地区以及受这些地区影响的欧洲国家,形成了茶的调饮体系。

⑥ 我国茶种是什么时候传入印度的?

1780年,英国东印度公司从我国广州运出茶籽,播种于加尔各答,这是中国茶籽传入印度之始。

1793年,又有来华的科学家采办茶籽,种植于加尔各答的皇家植物园。

1834年,印度组织了一个茶业委员会,雇用中国工人种茶,从此印度才开始大规模种茶。

茶的陆路传播

- 始于巴蜀地区
- 秦汉时期,传播至东部与南部,湖南出现产茶胜地"茶陵"
- 唐代,茶业重心东移,江南成为茶业产制中心,茶叶的生产极其繁盛
- 公元9世纪,随着中国佛教"天台宗"的传布,中国茶也被带入朝鲜半岛和日本
- 隋唐时期,以茶马交易的形式,沿着"丝绸之路",茶叶经回纥及西域各国向西亚和阿拉伯等国输送
- 五代及宋朝初年,茶业重心南移,福建建安茶被列为贡茶
- 宋代时期,茶肆在神州大地的各个角落生根发芽

⑥ 我国茶种是什么时候传入朝鲜的？

据《三国史记》载，兴德王三年（公元828年）十二月，"入唐回使大廉持茶种子来，王使植于地理山（今智异山）"，这是朝鲜引种茶树的开始。但也有学者持有异议，认为高句丽三韩时代（公元544年），已有茶种传入朝鲜。

⑥ 我国茶种是什么时候传入印度尼西亚的？

印度尼西亚引入中国茶种，最早可上溯到1684年。当时将茶树作为观赏植物，在爪哇种了几株。其后，在1826年，爪哇的茂物植物园才有了较大规模的茶树种植。1827年后，荷兰人加可伯逊和中国华侨又多次从中国引入茶籽，奠定了爪哇茶业的基础。

⑥ 我国茶叶是什么时候输往荷兰的？

荷兰商人于1606~1607年由中国澳门将茶叶运往爪哇，而后于1610年又将茶叶从爪哇运往欧洲。我国茶叶开始进入荷兰，当在17世纪初叶。

⑤ 我国茶种是什么时候传入俄罗斯的?

我国茶种传入俄罗斯,约在公元19世纪30年代。当时,俄国政府先从中国输入茶苗,建设茶园,并建立了小型加工厂。1893年,俄国政府又聘请中国茶师刘峻周到格鲁吉亚帮助种植茶叶。1900年,刘峻周又在阿扎里亚开辟茶园150公顷。直到十月革命后,刘峻周仍帮助植茶和培训茶业人才。

⑤ 我国茶叶是什么时候传入英国的?

17世纪中叶,英国伦敦之咖啡店即有茶叶出售。1664年9月,英属东印度公司之《总簿·杂账》载:"茶二镑二安司贡皇室用"。这是我国茶叶输入英国的早期文字记录之一。

⑤ 我国茶叶是什么时候传入葡萄牙的?

公元1517年,葡萄牙航海家首次带茶叶入欧洲。1560年,葡萄牙传教士克罗兹神父以葡文写作茶叶之书,将我国茶叶和饮茶方法传入葡萄牙。

⑤ 我国茶种是什么时候传入斯里兰卡的?

早在18世纪末和19世纪初,斯里兰卡就多次从中国引进茶籽试种茶树,但未成功。1824年,荷兰人从中国引入茶籽播种。1841年又从中国引入茶苗,并聘用技术工人,种植获得成功。斯里兰卡茶叶加工技术,最早也由中国引入。

⑥ 我国和美国的茶叶贸易是什么时候开始的？

中美茶叶贸易始于1784年。当年2月，美国船"中国皇后"号从纽约起航，渡过大西洋，绕道好望角直抵广州。12月，该船由广州返航时，运回红茶2460担、绿茶562担，从此开始了中美之间的茶叶贸易。

⑥ 我国什么时候开始加工绿茶的？

我国制造绿茶的历史，可以上溯到唐代以前。陆羽《茶经》中所说的饼茶，实际上就是古老的绿茶。绿茶的加工工艺由晒青到蒸青、炒青、烘青，乃至创制出片、针、眉、螺、珠等形状不同的优质名茶，经历了一个漫长的过程。

绿茶干茶

⑥ 我国什么时候开始加工红茶的？

中国红茶始于明末清初，距今已有300余年的历史。植物分类学家林奈在1762年《植物种类》（第二版）中，把茶树误分为两个种，一为Thea Bohea（武夷）种，代表红茶；一为Thea Viridis种，代表绿茶。当时武夷星村小种红茶极负盛名，故以武夷名"红茶种"。可见林奈订学名时，就有红茶了。

⑥ 我国什么时候开始加工乌龙茶的？

根据专家考证，乌龙茶的历史，可上溯到五代。

五代时闽国有北苑研膏茶。到宋太宗太平兴国二年（公元977年），改制成龙凤茶。宋真宗以后改成小团茶，成为驰名天下的龙团凤饼。

明洪武二十四年（公元1391年），罢造龙团，改制散茶，一般称为岩茶或酽茶，其制法也相应改革。龙团改为散茶之后，茶叶经过晒、炒和烘，色泽乌黑，条索似鱼（也称龙）。商人为了表示武夷茶的珍贵，便以乌龙为商标。在市场畅销之后，武夷茶被通称为乌龙茶，译名为Oolong tea。

乌龙茶干茶

⑥ 我国什么时候开始加工白茶的？

我国古书中就有不少有关白茶的记载，如宋人宋子安的《东溪试茶录》记有："白叶茶……芽叶如纸，民间以为茶瑞，取其第一者为斗茶。"

但这只是茶树品种的不同，而不是加工方法的不同。后来所谓白茶是品种与制法相结合的产物。1795年，福建福鼎茶农采摘福鼎白毫茶树的芽毫，加工成银针。1875年，福建发现芽叶茸毛特多的茶树品种，如福鼎大白茶、政和大白茶，1885年起就用大白茶的嫩芽加工成"白毫银针"。1922年起开始以一芽二叶的嫩梢加工成"白牡丹"。

⑥ 我国什么时候开始加工黄茶的?

我国黄茶唐代即有生产。中唐时寿州(今安徽寿县)黄芽,就已远销西藏。唐代宗大历十四年(公元779年)淮西节度使李希烈赠宦官邵光超黄茗100千克,这也说明安徽在唐代就生产黄茶。

⑥ 我国什么时候开始加工黑茶的?

《甘肃通志·茶法》载:"安化黑茶,在明嘉靖三年(1524年)以前,开始制造。"可见,黑茶加工始于公元15~16世纪,地点为湖南安化。

黄茶干茶

⑥ 我国什么时候开始加工紧压茶的?

我国制造紧压茶的历史可上溯到公元3世纪。

三国时期魏人张揖所著《广雅》中有"荆巴间,采茶作饼"的记载,可见,那时湖北、四川民间就有饼的制作。陆羽《茶经·三之造》中说:"晴采之,蒸之,捣之,拍之,穿之,封之,茶之干矣。"讲的就是蒸青饼茶的制作技法。宋代列为贡品的龙团凤饼,是古代紧压茶的精工之作。我国现代紧压茶(青砖茶)的制作,迄今也有200多年。

⑥ 我国什么时候开始加工花茶的?

我国制造花茶已有1000多年的历史。

宋时(公元960年以后)向皇帝进贡的"龙凤饼茶"中就加入了一种叫"龙脑"的香料。后来,茶中普遍加入"珍茉香草"。明人钱椿年所编的《茶谱》(1539年)一书所载制茶诸法中,列举有橙茶、莲花茶,并说木樨、茉莉、玫瑰、蔷薇、兰蕙、橘花、栀子、木香、梅花皆可作茶。

茶马古道图

◑ 茶马古道究竟指什么？

茶马古道是指存在于中国西南地区，以马等为主要交通工具的马帮进行民间商贸的通道，是中国西南民族经济文化交流的走廊。

茶马古道主要分南、北两条道，即滇藏道和川藏道。滇藏道起自云南西部洱海一带产茶区，经丽江、中甸、德钦、芒康、察雅至昌都，再由昌都通往西藏地区。

川藏道则以今四川雅安一带产茶区为起点，首先进入康定，自康定起，川藏道又分成南、北两条支线：北线是从康定向北，经道孚、炉霍、甘孜、德格、江达、抵达昌都（即今川藏公路的北线），再由昌都通往西藏地区；南线则是从康定向南，经雅江、理塘、巴塘、芒康、左贡至昌都（即今川藏公路的南线），再由昌都通向西藏地区。

◑ 为什么丝绸之路有时也被称为"丝茶之路"？

丝绸之路，简称丝路，是历史上横贯欧亚大陆的贸易交通线。具体路线指西汉（公元前202年～公元8年）时，张骞出使西域开辟以长安（今西安）为起点，东汉时以洛阳为起点，经甘肃、新疆，到中亚、西亚，并联结地中海各国的陆上通道。

19世纪下半期，德国地理学家李希霍芬就将这条陆上交通路线称为"丝绸之路"，此后中外史学家都赞成此说，沿用至今。中国是茶叶的故乡，在经由这条路线进行的贸易中，除了输出丝绸外，茶叶贸易也是一项非常重要的内容，因此，丝绸之路有时也被称为丝茶之路。

文会图

拾陆

茶人、茶事、茶俗

『茶』者，人在草木间也。由此观之，谈茶怎能离开人？茶因人而生，随人而变，而人们在永不停歇的脚步中，寻找着人、茶、自然的交融。你也许无法想象茶的包容，那些不同的风俗、文化、信仰，竟然在小小一杯茶中，便能得到奇妙而又和谐的融合。

神农氏是怎么发现茶的?

陆羽在《茶经》中说:"茶之为饮,发乎神农氏。"

相传在公元前2700多年以前的神农时代,神农为普济众生,尝百草,采草药。

有一天,神农尝到一种草叶,使他口干舌燥,头晕目眩。忽然,一阵风过,传来一种清鲜香气,抬头望去,只见树上绿叶葱茏。

神农信手摘下一片放入口中细细咀嚼,味初苦,继而清香甘甜,食后更觉气味清香,舌底生津,精神爽朗,头晕目眩减轻,口干舌燥渐消。神农遂名之曰"茶",这便是茶的最早发现。

神農

藥石權輿農商宗祖
夭札全生飢寒脱苦

陆羽在《茶经·六之饮》中非常肯定地认为:"茶之为饮,发乎神农氏,闻于鲁周公。"

我国的第一部茶学专著是什么?

我国历史上第一部茶学专著是陆羽所著的《茶经》。此书初稿完成于公元761年。

《茶经》全书分三卷十章7000余字,是我国历史上第一本茶叶的百科全书,也是全世界第一部茶学专著。

陆羽《茶经》系统地叙述了茶的名称、用字、茶树形态、生长习性和生态环境,以及种植要点;阐明了茶叶对人的生理和药理功效;论述了茶叶采摘、制造、烹煮、饮用的方法,使用的器具,茶叶的种类和品质的鉴别;搜集了我国古代有关茶事的记载;指出了中唐时我国茶叶的产地和品质等。

❻ 哪本茶书是皇帝所写的？

《大观茶论》的作者是宋徽宗赵佶。

徽宗治国无方，却多才多艺。他精于茶艺，还亲自为臣下点茶。蔡京的《太清楼侍宴记》说："遂御西阁，亲手调茶，分赐左右。"

《大观茶论》首为序论，次分地产、天时、采择、蒸压、制造、鉴辨、白茶、罗碾、盏、筅、瓶、勺、水、点、味、香色、藏焙、品名、外培等20目。此书对茶的产制、烹试品鉴等方面的叙述较详。

《文会图》描绘的便是宋徽宗及当时文士，环桌而坐进行茶会的画面。

❻ 为什么诸葛亮被称为"茶祖"？

相传，三国年间，诸葛亮（字孔明）带兵南征时，到了云南勐海的南糯山。士兵们因水土不服，害眼病的不少，无法行军作战。孔明拿了一根拐杖，插在南糯山石头寨的石上。说来奇怪，那根拐杖转眼变成一棵茶树，长出青翠的茶叶。士兵们欢呼雀跃，摘下茶叶煮水喝，喝下了茶汁，眼病也就好了。这样，南糯山出现了第一棵茶树。

事到如今，人们还把石头寨旁的那座茶叶山叫做"孔明山"，山上的茶树称为"孔明树"，而诸葛亮也被尊称为"茶祖"。每当诸葛亮生日那天，本地百姓都要饮茶赏月，放"孔明灯"，以纪念诸葛亮这位土"茶祖"。其实，云南是世界茶叶之乡，在诸葛亮出生以前，就早已有茶树，但当地人们热爱诸葛亮，信奉孔明先生，便将茶的发明权移栽到了他的头上。

❻ 唐代刘贞亮所说的"茶之十德"是指什么？

唐代刘贞亮曾总结过"茶之十德"，除"以茶尝滋味""以茶养身体""以茶散郁气""以茶驱睡气""以茶养生气""以茶除病气"之六德外，还有强调精神性的四德："以茶利礼仁""以茶表敬意""以茶可雅心""以茶可行道"。

❻ 慈禧太后喜欢喝花茶？

慈禧茶瘾很大，一般每日至少饮三次茶，上午、下午各一次，晚上临睡前必须饮罢茶后才上床睡觉。慈禧尤其酷爱花茶，因她得知，茶有延年益寿之功，花有暖胃悟性之效。

不过，慈禧吃的花茶不是现代窨制的花茶。而是茶和花只在饮用时掺混一起，既品饮名茶，也欣赏花香，两者相得益彰。

慈禧饮用的茶都是各地精选的色、香、味、形俱佳的"贡茶"，花也是由宫监挑选的名贵花卉上采摘的鲜花，茶具则是金制玉琢的专用杯盅。饮茶时，慈禧先欣赏下鲜花，然后才慢慢揭开盅盖，伸出手，提起金筷子夹上些鲜花放人盅内，再轻轻加上盖。约8分钟，再捧起茶盅，把茶汤倒入白玉杯中，先闻其香，继品茶味。这种饮茶方式，对她本人来讲是一种生活享受，只是苦了跪托茶盘的贴身内监。

茶与花在水中相遇，美在眼中，甜在口里。

⑥ 吴觉农为何有"当代茶圣"之誉？

吴觉农先生（1897~1989年）是浙江上虞人，他在青年时代就立志要为振兴祖国农业而奋斗，且对茶业感情尤深。

当他知道了我国茶业日趋衰退，一蹶不振，世界茶叶市场也渐为印度、斯里兰卡等国所夺，便决心投身祖国茶叶事业。他东渡日本，学习现代化茶叶科技。

留学归国后，即为振兴祖国茶业四处奔波。他与友人合作，先后创办了茶叶出口检验所，拟订了中国茶业复兴计划，建立了茶叶改良场，创建了全国第一个茶叶研究所和第一个培养高级茶叶科技人才的基地——复旦大学茶叶系。

他还先后到印度、斯里兰卡、印尼、日本、英国和俄罗斯等地考察访问，以借鉴他国先进经验，探索我国茶业振兴大计。由于他对我国茶业的发展作出了巨大贡献，所以被老一辈无产阶级革命家陆定一誉为"当代茶圣"。

⑥ 孙中山先生对饮茶是如何评价的？

孙中山先生对饮茶有很高的评价，且认为茶业对振兴中华实业有着重要意义。

他在《建国方略》一书中指出，中国自古以来就有较高的文明，表现在饮食和烹饪都比西方各国讲究和合理。

他说："中国常人所饮者为清茶，所食者为淡饭，而加以菜蔬、豆腐。此等之食料，为今日卫生家所考得为最有益于养身者也。"又说："茶为文明国所既知已用之一种饮料……犹茶言之，是最合卫生，最优美之人类饮料。"他在《民主主义》一文中还指出："中国出口货物，除了丝之外，第二宗便是茶……外国人没有茶以前，他们都是喝酒，后来得了中国的茶，便喝茶来代酒，以后喝茶成为习惯，茶便成为一种需求品。"

⑥ 毛泽东为什么有饮茶吃茶渣的习惯？

　　毛泽东饮茶吃茶渣的习惯，是青少年时期在家乡农村养成的。直至现在，湖南及国内有一些地方仍然保留着这一习俗。这不仅是一种节俭美德，也有利于身体健康。

　　据现代科学家研究表明，饮茶吃渣确有不少好处，因为冲泡后的茶叶，尤其是绿茶，还含有十多种水不溶性或水难溶性营养成分，如维生素 E、维生素 A 及钙、镁、铁等矿物质元素，还有叶绿素、胡萝卜素、纤维素等有机物质。可见，吃茶渣可获得很多饮茶汲取不到的营养。

⑥ 周恩来为什么钟情于龙井茶？

　　周恩来总理对龙井茶情有独钟，他曾多次光临龙井茶主要产区——梅家坞。

　　1956 年 4 月 26 日，周总理首次来到梅家坞。他看到新茗勃发的茶园风光，连称"好地方，好地方！"并说："龙井茶是茶叶珍品，国内外人士都很需要它，要多发展一些。"1971 年，基辛格博士访华时，周总理以龙井茶招待，并将龙井茶作为国礼馈赠基辛格，以至引出基辛格二次访华时向周总理索要龙井茶的佳话。

　　1957 年春天，周总理陪同外宾到梅家坞访问时，接待人员端出了最好的"明前龙井"招待贵宾。周总理

西湖龙井

喝了清香、鲜爽的茶汤后，不忍将嫩绿的芽叶倒掉，便风趣地说："龙井味道好，芽叶倒掉太可惜了，还是把它全部消灭掉！"一边说，一边津津有味地将杯中的芽叶全部咀嚼吃光。

⑥ 什么是渐儿茶？

陆羽，字鸿渐，是茶业界尊奉的"茶圣""茶神"。

陆羽自幼好学、聪慧过人，对茶学兴趣甚浓。他善于栽茶、制茶、品茶，同时也精于煮茶。由于他沏茶、煮水得法，茶的韵味特好，深为唐朝国师佛光和尚所赏识。相传佛光和尚昵称陆羽为"渐儿"。佛光每天喝的是渐儿制的茶，饮的是渐儿沏的水，饮时常抚须微笑，神色陶醉。久而久之，人们就把陆羽的茶称为"渐儿茶"。

⑥ 什么是三生茶？

相传在三国时有一种三生茶。说的是大将张飞率兵巡阅武陵时军中患暑疫，大量士兵中暑，群众献上三生茶，即用生米、生茶叶和生姜捣碎后加盐冲饮，饮后暑疫尽消。这种茶一直流传至今，现在湖南、贵州、广西、广东等省的毗邻山区的群众仍有将三生茶作为消暑药品饮用的习惯。

⑥ 奶茶是谁首创的？

现代速溶奶茶源于藏族同胞的奶茶。

相传唐代文成公主和亲入藏后，最初生活很不习惯。每天婢女端来牛羊奶，不吃不行，吃了胃又不舒服，于是她想出了一个办法，先喝半杯奶，然后再喝半杯茶，果然感觉胃舒服了些。

以后她干脆把茶汁掺入奶中一起喝，无意之中发觉茶奶混合，其味比单一的奶或茶更好。从这以后，她不仅早晨喝奶时要加茶，就连平时也喜欢加些奶和糖，这就是最初的奶茶。以后，藏族同胞沿袭成习，形成了至今人人喜好的"奶茶"。

⑥ 什么是龙虎斗茶？

"龙虎斗"是居住在云南深山密林中的兄弟民族治疗感冒的一种饮茶秘方。即将经熬煎的浓涩热茶冲入有酒的杯中（不能将酒反过来倒入热茶中），即成龙虎斗。如有人患了感冒，喝下一杯"龙虎斗"，浑身便会散发热汗，若再睡上一觉，就会觉得全身轻快，感冒全消。

⑥ 什么是咸茶？

咸茶流行于浙江德清地区。其具体做法是：先将细嫩的茶叶放在茶碗中，用竹片瓦罐专煮的沸水冲泡；而后，用竹筷夹着腌过的橙子皮或橘子皮拌黑芝麻放人茶汤，再放些烘豆或笋干等其他佐料，少顷即可趁热品尝，边喝边冲，最后连茶叶带佐料都吃掉，有明显的兴奋提神作用。

⑥ 什么是七家茶？

七家茶是江浙苏杭地区的饮茶习俗。江浙地区是我国出产茶叶最早的地区之一，又是生产名茶较多的地方，因此，群众对茶所引出来的各种礼俗也很多。

"立夏"那天，小孩儿都要去称体重，过完称之后还要坐七条门槛，吃"七家茶"，据说这样就可以避免生"疰夏"病（疰夏：中医指夏季长期发烧的病）。因此，每逢"立夏"，家家户户都要煮新茶，并配以各种各样的糖果、水果之类，拿去馈送邻居和亲戚朋友，当地人也把这称作"饮七家茶"。

什么是奶子茶?

喝奶子茶是蒙古族同胞的一种饮茶习俗。

奶子茶与维吾尔族同胞的奶茶相类似,即把青砖或黑砖等紧压茶掰开砸碎,放入铝质或铜质壶中熬煎,茶水煮沸时,兑入牛奶或羊奶,然后再加上盐巴,这样喝起来又热又香又解渴,别有一种风味。

蒙古族同胞习惯于每天"三茶一饭",即每天早、中、晚要喝三次茶,喝茶时都要同时吃些点心,诸如炒米、奶饼、油炸果或手扒肉等。

什么是三道茶?

三道茶,是云南白族待客的隆重礼节。

贵客临门,主人便将一只专作烤茶用小砂罐置于炭火上,放入适量的绿茶,不停晃动,等到茶呈微黄色,溢出阵阵清香时,注入少量的开水,只听得"轰"的一声,茶便泡好。稍待沉淀,即将浓浓的茶汁斟入杯中,献给客人,这是头道茶。这道茶只斟两三口,如果斟得过满,白族认为"茶满欺客",对客人不敬。

接着,在砂罐中再加满水,放于火塘上煨一会儿,便进二道茶。二道茶不再用茶杯,换用茶碗,碗中放适量的红糖和极薄的核桃仁片,斟入茶汁,称为"甜茶"。有的地方二道茶放少量的蜂蜜和几粒花椒,叫"蜂蜜花椒茶";也有的放糖、核桃仁、芝麻、花生、蜂蜜等多种佐料。

第三道茶叫"香茶",主人在碗中放些碎乳片与红糖等,进献给客人。白族人认为,喝了三道茶,才算尽了主人待客的盛情。

三道茶寓寄着"一苦二甜三回味"
的人生哲理。

🌀 什么是盐巴茶？

盐巴茶是云南纳西族、傈僳族、普米族、彝族、怒族、苗族等少数民族同胞最喜爱的一种日常饮料。

其制作方法是：先将紧压茶砸碎放入小瓦罐中，置于火塘上烤炙，等到茶叶烤到"噼啪"作响，发散出焦香味时，向罐内缓缓冲入开水，再煨煮五分钟，然后把用线扎紧的盐巴块投入茶汤中，抖动几下后移去，使茶汤略有咸味，即可将罐内浓茶倒入小瓷杯中，略加开水稀释即可饮用。冲开水多少视各人爱好而定。

喝盐巴茶一般是边喝边吃玉米粑粑（玉米饼），一日三次，天天如此。在一些少数民族地区还流传着这样一首歌谣："早茶一盅，一天威风；午茶一盅，劳动轻松；晚茶一盅，提神去痛。一日三盅，雷打不动。"

🌀 什么是桂圆盖碗茶？

桂圆盖碗茶是回族人的饮茶习俗，称为"三炮台"。"三炮台"盖碗，由茶碗、掌盘、盖子配套而成。这种茶具，类似碗，又像杯。盖子略小于碗口，略大于碗身。喝茶时用掌盘托起茶碗，既不烫手，倾斜度又小。

桂圆盖碗茶的制作方法是：用一小撮花茶，一块冰糖及几颗桂圆，放在一只精致的茶碗里，倒入开水，再盖上扣碗即可。入口时甜丝丝、香喷喷。如家里来了贵客或在喜庆的吉日，即以茶叶加桂圆、荔枝、葡萄干、杏干等，沏成"八宝茶"的同时，主人还端来回族特产馓子敬客。

什么是罐罐茶?

罐罐茶通常以中下等炒青绿茶为原料,放入土陶烧制的罐中加水熬煮而成。煮茶时,先在罐中盛上半罐水,然后置于火炉上,待水沸腾时,放入茶叶,边煮边拌,使茶、水相融,茶汁充分浸出,两三分钟后,再向罐内加水至八成,待茶水再次沸腾,罐罐茶便算熬煮好了。

喝罐罐茶,在回族地区的广大农牧区较为普遍。当地人认为,喝罐罐茶有四大好处:提精神,助消化,去病魔,保健康。其实,这一饮茶习俗的形成,与当地的人文地理、生活环境是密切相关的。

什么是擂茶?

擂茶佐料

制作擂茶,先将茶叶与佐料一起放入擂钵,佐料一般以当地出产的黄豆、玉米、绿豆、花生为多,也可根据各人爱好掺入其他佐料。然后用擂茶棍慢慢擂成糊状,加适量冷开水调成茶汁,饮用时,只需盛出几勺,注入开水,即可冲成一碗擂茶。讲究一点的,再加入少量炒米花、炒花生仁或炸香了的芝麻,喝起来更有香、脆、甜、爽的感觉。

擂茶历史十分悠久,早在宋代,两宋京都均流行擂茶。现在仍流行于湖南部分地区,可谓“古风犹存”。擂茶制作简单,饮用方便,有解渴、充饥之效,很受当地群众的欢迎,人们四季常饮,也惯用擂茶敬客。

茶道：从喝茶到懂茶

⑥什么是贡茶？

顾渚紫笋因其格外幼嫩的高品质，而成为历时最久的贡茶。

贡茶是封建制度下各地方向朝廷呈献的土特名贵产品之一，贡茶专供皇室或赏赐之用。贡茶始纳于西周，兴于东汉，从唐代始作为一种制度一直到清朝覆灭，长达几千年。这期间贡茶的数量越来越大，质量要求愈来愈高，以至广大茶民难以承受。历代贡茶兴起与衰败的史实，从一个侧面反映了中国茶叶生产的兴衰。当今中国名茶和地方名茶中，曾被历代皇室列入贡茶的有：

浙江：西湖龙井、淳安鸠坑、天目山青顶、雁荡毛峰、金华举岩、日铸雪芽、顾渚紫笋(贡奉时间最长，历经唐、宋、明、清)。

安徽：六安瓜片、敬亭绿雪、涌溪火青、霍山黄芽。

福建：白茶、天山清水绿、武夷大红袍、安溪虎邱铁观音、武夷肉桂。

湖南：君山毛尖、毗庐洞云雾茶、官庄毛尖、南岳云雾、大庸毛尖、古丈毛尖。

四川：蒙顶黄芽、巴岳绿茶。

贵州：贵定云雾茶、都匀毛尖、湄江翠片。

江西：宁红(其珍品太子茶清光绪30年列入贡茶，贡奉时间最短，仅7年)、源绿茶、庐山云雾茶(古时名为闻休茶)。

江苏：碧螺春、花果山云雾茶、宜兴阳羡茶。

陕西：紫阳毛尖(原名紫邑宦镇毛尖，贡茶时间最早，始于东汉末献帝，距今1700多年)。

河南：信阳毛尖。

云南：普洱茶。

台湾：文山包种茶。

⑥ 什么是煨茶？

云南南部少数民族如傣族、佤族等，习惯饮用煨茶，煨茶的调制方法与烤茶类似，只是所用茶叶不同，煨茶用的是从茶树上采下的一芽五六叶的新鲜嫩枝茶，带回家中，坐在火塘旁边，放在明火上烘烧至焦黄后，再放入茶罐内煮饮。这类茶叶因未经揉制，茶味较淡，还略带苦涩味和青气。

⑥ 什么是吃讲茶？

"吃讲茶"为一种民间习俗，是解决民间纠纷的一种饮茶方式，主要流行于江浙、四川等地。

凡乡间街坊发生房屋、土地、婚姻等一般民事纠纷，不值得上衙门打官司，于是便约定时间一起去茶馆评议解决。

吃讲茶有约定俗成的规则：入茶馆后，纠纷双方先给全部茶客逐一奉茶，接着双方陈述纠纷的前因后果，表明各自的态度，请茶客评议，最后由坐在靠近门口两张桌子（称马头桌）的"公道人"裁定，公道人一般由辈分较高、办事公道、有声望者担任。

一经裁定，大家同意就算了事，由败诉方付清全部茶客的茶费，故川东地区又将吃讲茶称为"付茶钱"。一般吃讲茶后不会再生异议，但也有些特殊强横之辈再生事端。清末民初许多茶楼在醒目之处悬以木牌，上面写有"奉谕严禁讲茶"。

什么是元宝茶？

元宝茶是我国江南部分地区春节敬客的一种饮料。将2枚青橄榄和2~3克高级绿茶放入杯中，用沸水冲泡便成。橄榄象征元宝，寓意"恭喜发财"。

春节时，一杯清爽明透的元宝茶待客，不但彩头好，而且可去腻消食。

什么是内销茶？

内销茶系指除供应边疆少数民族地区以外所销售的各类茶叶。内销茶的销售一般分为非产茶区销售和产茶区销售两种。非产茶区销售的茶叶，由各产茶省供应。产茶区销售的茶叶主要是销售当地生产的茶叶，省与省之间作少量的品种调剂。

什么是边销茶？

边销茶一般指销往边疆少数民族地区的茶叶。由于交通困难，为方便运输和防止茶叶变质，边销茶多为紧压茶。其主要品种有茯砖、康砖、金尖、紧茶、黑砖、花砖和米砖等。

什么是茶寿？

人们祝寿时常祝福"年逾茶寿"，"茶寿"是指一百零八岁。那么它是怎么算出来的呢？茶字可拆分为草字头、八、十、八，而草字头又可看成两个十，那么十加十加八十八，等于一百零八。此外，与"茶寿"类似的"米寿"则是八十八。

冯友兰先生曾赠金岳霖先生一副对联："何止于米，相期以茶"。这句话的意思就是：不止米寿，期待茶寿，而不是除了吃饭，还想喝茶。

❻ 蒙顶茶为什么被称为"仙茶"？

蒙顶甘露

四川蒙顶山自西汉末年起即开始种茶。从唐代开始，蒙顶茶就列为贡品，一直沿袭到清代。一千多年间，年年进贡，蒙顶茶何以受到如此恩宠？原来其中有个蒙顶"仙茶"的传说。

相传，很久以前，有位老和尚生了重病，久治不愈。有一次，老和尚遇到一位老翁，老翁告诉他，蒙顶山中有棵茶树，在春分前后，你早日候于一旁，一旦春雷初发，马上并手采摘，只能采三天，三天过后便无效了。三日之中，如果采到一两，用本地水煎服，能治任何宿疾。若服二两，一辈子消灾去疾。服三两，可以脱胎换骨，就地成仙了。

老和尚闻言，便到茶树旁造了间屋，虔诚地等候时机，结果采到了一两多，煎成了茶汤。没想到才喝了一半，病就痊愈了。过些日子，和尚到城里办事，熟人看了他，无不惊奇，老和尚居然返老还童，看上去像三十来岁的人，眉发乌青。后来，他到青城山访道，不知所终。

蒙顶山的"仙茶"即由此得名。

❻ 什么是茶令？

这是古代汉族的一种游戏，盛行于我国江南地区。饮茶时举一人为令官，余皆听其号令，令官出题使人解答或执行，违令者以茶为罚。南宋状元王十朋曾在诗中称："搜我肺肠著茶令。"并自注："余归，与诸子讲茶令，每每会茶，指一物为题，各举故事，不通者罚。"

什么是斗茶？

斗茶又叫"茗战"。这种饮茶方式流行于宋代，是当时饮茶的一大特色。

范仲淹的《斗茶歌》写道："北苑将期献天子，林下雄豪先斗美。"还提及"胜若登仙，败同降将。"阐述了斗茶的缘由及其与贡茶的关系。

至于如何斗茶，宋代唐庚在他的《斗茶记》中记载得较为详细："二三人聚集一起，煮水烹茶，对斗品论长道短，决出品次。"

元赵孟頫《斗茶图》深受人们喜爱，常被画为扇面。

其实，古代斗茶，往往是相约三五知己，在精致雅洁的室内或庭院，献出各自精品，轮流品尝，以决出名次。无疑，这对名茶的创制和发掘起到了很大的推动作用。

"以茶代酒"源于何时？

历史上首创以茶代酒的是三国时吴国第四代国君孙皓。

孙皓专横残暴，奢侈荒淫，极好饮酒。每次设宴，座客至少饮酒七升，"虽不入口，皆浇灌取尽"。朝臣韦曜，博学多闻，深为孙皓所器重。韦曜酒量甚小，不过二升。孙皓对他特别优礼相待，"密赐茶荈以代酒"，即暗中赐给他茶来替代酒。此事可见《吴志·韦曜传》。

什么是茶宴？

茶宴是以茶为主进行的比较隆重的待客形式。其规模大小从几人到上百人不等。茶宴除设茶外，还要佐以茶食，如水果、点心等。

《晋中兴书》中记载的陆纳招待谢安"唯茶果而已"和《桓温列传》中提到的"温性俭，每宴惟下七奠拌茶果而已"，或许是茶宴的一种雏形。真正以茶为主的茶宴始见于唐代的一些诗篇，如钱起的《与赵莒茶宴》《过长孙宅与朗上人茶会》，鲍君徽的《东亭茶宴》等。

⑥什么是"径山茶宴"？

浙江余杭径山寺的"径山茶宴"，以其兼具山林野趣和禅林高韵而闻名于世。

径山茶宴有一套固定、讲究的仪式。举办茶宴时，众佛门子弟围坐"茶堂"，依茶宴之顺序和佛门教仪，依次点茶、献茶、闻香、观色、尝味、叙谊。

先由住持亲自冲点香茗"佛茶"，以示敬意，称为"点茶"；然后由寺僧们依次将香茗奉献给来宾，名为"献茶"；赴宴者接过茶后，先打开茶碗盖闻香，再举碗观赏茶汤色泽，尔后才启口品味。

茶过三巡后，即开始评品茶香和茶色，并盛赞主人道德品行，最后才是论佛诵经，谈事叙谊。

⑥ 为什么宋代时斗茶要用黑釉盏？

斗茶胜负的标准：

一比茶汤表面的色泽与均匀程度，汤花面以鲜白为上，像白米粥冷凝成块后表面的形态和色泽为佳，称为"冷面粥"；茶末在茶汤表面均匀，形成"粥面粟纹"。

二比汤花与盏内壁相接处有无水痕。汤在散退后在盏壁留下水痕叫"云脚涣乱"，不佳。

两条标准以第二条最为重要。比赛规则一般是三局两胜，哪一方的水痕先出现便叫输了"一水"。

好的茶汤会有一层极为细小的白色泡沫浮于盏面，称为"乳聚面"。不好的茶汤点过不久，茶就与水分离开来，称为"云脚散"。为了延缓出现云脚散，茶人须掌握高超的点茶技巧，茶与水交融似乳，最好还能"咬盏"，即品酒时常讲的"挂杯"。

因汤花贵白，黑盏白汤，历历分明，而且黑釉盏胎体较厚，散热慢，有利于"咬盏"，所以宋代斗茶喜用黑釉盏。

黑釉盏

功夫茶是哪里的饮茶习俗?

功夫茶流行于福建的闽南和广东的潮汕地区,是一种极为讲究的饮茶方式。

喝功夫茶配有一套古色古香的茶具,人称"烹茶四宝",分别是玉书碨(开水壶)、潮汕炉(烘炉)、孟臣罐(茶壶)、若琛瓯(茶杯)。饮功夫茶,重在品鉴,堪称艺术饮茶。功夫茶所用茶叶,以乌龙茶为宜。

袋泡茶是怎么兴起的?

欧洲喝茶多非清饮,偏爱调制茶,喜欢在茶汤中加入各种作料,所以,冲泡或熬煮后的茶汤往往需滤去茶渣,才能加入佐料调制。滤渣比较麻烦,于是袋泡茶应运而生。

第二次世界大战期间,美国军人的口粮袋中常装有小包装茶等餐后饮料,不过,当时的小包装茶是用纱布缝制的,不仅网眼大,而且成本高。二战后,英国商人察觉到袋泡茶大有发展前途,就研制生产了袋泡茶滤纸和包装机,大大促进了袋泡茶的发展。近年来,袋泡茶更是风靡全球。

茶包投入水中,便成为一杯茶,简单又快捷。

茶话会的起源是什么?

茶话会是一种简朴的社交性集会形式,一般除饮茶外,还要佐以水果、茶点。

据考证,茶话会是由茶会和茶话演变而来的。茶会最早见之唐代钱起的《过长孙宅与朗上人茶会》诗;茶话可见于宋代方岳的人局诗。如今,茶话会已广行于世,成了世界性的一种重要社交形式。

⑥ 什么是无我茶会？

无我茶会是一种茶艺活动。20世纪80年代初兴起于中国台湾，后流传到韩国、日本等地。20世纪90年代在韩国、日本等国，福建武夷山、杭州西湖等地都举办过这种茶会。

茶会以"无我"命名，意在达到"德行修养至善"，提倡和平友好，以茶会友。无我茶会程序为：按照约定抽签主座，不分尊卑，一律席地而坐，围成一圈，自带茶具、茶叶、热水，人人泡茶，人人奉茶。例如约定每人泡茶四杯，奉茶给左邻三位茶友，最后一杯留给自己，大家就依着这么做。

无我茶会中，只需静静品茶，无需言语交流。

这样各人喝4杯，大家都能品尝到各种茶的风味。连泡3次，然后各自收拾茶具，散会。茶会进行期间禁止讲话，一切举动相互配合默契。开始之前，可以相互联谊，留影纪念，互相观摩茶具、茶叶，尽情欣赏不同的风韵。

⑥ 什么是施茶会？

布施茶会是一种集体的社会慈善活动，一般称之为茶会或施茶会，流行于大江南北一带。

施茶会大多由地方上一些有名望的热心公益人士相约组成。时间一般自入夏始，借用行人必经之地的茶亭、路亭或结棚为舍，雇人烧水泡茶，盛之于缸钵，旁边配上竹管或杯碗，行人经此，或者农民在劳动口渴时，都可自行倒茶饮用，不必花钱，直至秋后天气转凉为止。施茶会成员均为义务劳动，经费由募捐集资解决，收付茶资数目，均张榜公布，请公众监督。现虽无此类组织，但集体、个人施茶（如凉亭茶）之风依然存在。

"坐、请坐、请上坐；茶、敬茶、敬香茶"的趣联出自何人之手？

相传宋代大文豪苏东坡初到杭州出任知州时，一日去某寺游玩，寺中主持和尚不知底细，把他作为普通来客对待，一边叫"坐"，一边吩咐小沙弥："茶"。小沙弥遵嘱端出一碗普通茶来。

宾主稍事寒暄后，主持感到来者谈吐不凡，并非等闲之辈，便礼貌地将"坐"改为"请坐"，并重叫"敬茶"，小和尚第二次奉上一碗较好的茶来。

交谈之后，主持才知道来人即是大名鼎鼎、新上任的知州苏东坡，顿时受宠若惊，便情不自禁地起身高叫："请上坐"，并再次吩咐小沙弥："敬香茶"。临别时，主持慕名求字留念。苏东坡略作思索后，便将刚才的亲身经历写成一副趣联：

坐、请坐、请上坐；

茶、敬茶、敬香茶。

在旁观看的主持霎时满面通红，无地自容。

"君不可一日无茶"是谁说的？

"君不可一日无茶"语出清代乾隆皇帝。

传说，乾隆皇帝八十五岁时，他要将皇位传给他的儿子。一位老臣不无惋惜地说："国不可一日无君！"他却诙谐地接着说："君不可一日无茶也！"退位后，他经常到设有茶亭的御花园中煮泉品茗，悠然自得，与茶神交，颐养天年，终时享年88岁。

清乾隆青花釉里红山水花鸟纹茶叶瓶

⑥ 为什么古代的结婚聘礼中必须有茶叶？

茶在民间婚俗中历来是"纯洁、坚定、多子多福"的象征。

明代许次纾在《茶疏》中说："茶不移本，植必生子。"古人结婚以茶为礼，取其"不移志"之意。古人认为，茶树只能以种子萌芽成株，而不能移植，故历代都将"茶"视为"至性不移"的象征。

因"茶性最洁"，可示爱情"冰清玉洁"；"茶不移本"，可示爱情"坚贞不移"；茶树多籽，可象征子孙"绵延繁盛"；茶树又四季常青，以茶行聘寓意爱情"永世常青"，祝福新人"相敬如宾""白头偕老"。

故世代流传民间男女订婚，要以茶为礼，茶礼成为男女之间确立婚姻关系的重要形式。茶成了男子向女子求婚的聘礼，称"下茶""定茶"，而女方受聘茶礼，则称"受茶""吃茶"，即成为合法婚姻。如女子再受聘他人，会被世人斥为"吃两家茶"，为世俗所不齿。

⑥ 为什么汉族人爱清饮？

汉族人分居全国各地，饮茶习惯差异很大：一般南方人喜欢绿茶和红茶，北方人爱好花茶，华南一带欣赏乌龙，西南各省崇尚黑茶。

在饮茶方式上，也有品茶、喝茶和吃茶之分。但汉族饮茶，虽方法有别，但大都推崇清饮，认为清茶最能保持茶的"纯粹"，体会茶的"本色"。其最基本的方法就是直接用开水冲泡或熬煮茶叶，无需在茶汤中加入食糖、牛奶、薄荷、柠檬等其他饮料和食品，为纯茶原汁本味饮法。

简简单单的一杯清茶，便是中国人对自然最好的感悟。

🍵 我国饮茶习俗与道教有什么联系？

道教是我国汉民族固有的宗教，它以道家始祖老子的《道德经》为主要经典。元代初，道教全真派盛极一时，名山胜境道观林立。这些道观多与郁郁葱葱的茶园紧密相连，于是道士们种茶、制茶、创制名茶，品茗议道，便成了道士们生活中的一部分。

由于茶的特殊功效，饮茶具有的独特情趣，因此，促进了道士们以茶作为祈祷、祭祀、斋戒乃至驱鬼捉妖的供品，并以茶作为修炼、企求长生不老的手段，从而茶与道教互为影响、互为推动。可见，道教对茶的传播与发展起了不可磨灭的作用。

"三才杯"

杯托为"地"，杯盖为"天"，杯身为"人"。道教学说为茶道注入了"天人合一"的哲学思想，其"尊人"的思想表现在对茶具的命名以及对茶的认识上。

🍵 我国近代茶学教育是从什么时候开始的？

我国近代茶学教育始于1899年湖北省创办的农务学堂。该校农、牧、蚕、茶并重，设有茶务专业课程。这是我国近代茶叶史上设置专业教学的最早记录。

🍵 我国大学最早什么时候开设茶叶系的？

1939年，经复旦大学代理校长吴南轩、教务长孙寒冰和财政部贸易委员会茶叶处处长吴觉农倡议，由中国茶叶公司资助，在内迁重庆的复旦大学建立茶叶系（4年制，后改茶叶组）和茶叶专修科（2年制）。首任系主任为吴觉农先生。开设的主要专业课程有茶叶概论、茶树栽培、茶叶制造、茶叶化学、茶叶检验和茶叶贸易等。这是我国高等学校中建立的第一个茶叶系、科。

⑥ 中国茶礼涉及哪些方面？

自古以来，茶在我国的礼仪中应用很广，概括起来主要有以下几个方面：

1. 敬神。在我国民间，或在客堂，或在灶间，常用清茶四果或"三茶六酒"供奉他们所信的神像。由于清茶洁净、无荤腥，因而敬茶往往被认为是对神最虔敬的方式。

2. 丧葬祭祖。早在三千年前，周武王曾规定祭祖大礼要俭朴，可以用茶祭祖。这种习俗至今仍有残存。

3. 婚庆喜事。我国许多地方都以茶作为聘礼之一。目前，我国不少大城市青年结婚时也喜欢用高级茶叶招待客人。

4. 待客送礼。"一杯春露暂留客，两腋清风几欲仙。"客来敬茶是我国传统的礼节，以茶作礼品也是我国习俗。春茶上市，不远千里送香茶，寄托思念，至于探亲访友，携上一袋茶叶更为常事。

总的说来，茶礼所表达的精神主要是秩序、仁爱、敬意与友谊。现代茶礼把仪程简约化、活泼化，而把"礼"的精神加强了。

⑥ 著名茶学家庄晚芳先生倡导的"中国茶德"包含哪些内容？

双手敬茶便是茶之"敬"的一种诠释。

庄晚芳先生于1989年3月提出"中国茶德"倡议，其内容为"廉、美、和、敬"。

根据庄先生的阐释，"廉"之含义为"清茶一杯，推行清廉，勤俭育德，以茶敬客，以茶代酒"；"美"之含义为"清茶一杯，名品为主，共尝美味，共闻清香，共叙友情，康乐长寿"；"和"之含义为"清茶一杯，德重茶礼，和诚相处，搞好人际关系"；"敬"之含义为"清茶一杯，敬人爱民，助人为乐，器净水甘"。

⑥ 我国台湾茶艺指什么？

茶艺是茶叶产、制、销的技艺与饮茶生活艺术之融化与升华的总称，是广义的茶道，与农业、艺术、文学等有密切的关联。而在狭义上，茶艺是指研究泡好与品好一壶茶的艺术。要用一杯茶"喝出宇宙奥妙、人情、诗情、乡情"来。

我国台湾茶艺狭义地说不仅讲究品茗环境、美感与气氛，还遵循一定的程序，包括备水、备具、备茶、置茶、泡茶、分茶、奉茶、尝茶等。表演者仪态端庄，动作娴熟，犹如一曲美妙的旋律，令人产生舒适、安谧、潇洒、愉快之情。

⑥ 韩国茶礼的起源及内涵是什么？

韩国茶礼，又称茶仪、茶道。源于我国的古代饮茶习俗，并集禅宗文化、儒家与道教伦理以及韩国传统礼节于一体，是世界茶苑中的一簇典雅的花朵。

韩国茶礼以"和""静"为基本精神，其含义泛指"和、敬、俭、真"。"和"是要求人们心地善良，和平相处；"敬"是尊重别人，以礼待人；"俭"是俭朴廉正；"真"是以诚相待，为人正派。茶礼的过程，从迎客、环境、茶室陈设、书画、茶具造型与排列，到投茶、注茶、茶点、吃茶等，均有严格的规范与程序，力求给人以清静、高雅、文明之感。

日本茶道的起源是什么？

日本的饮茶风尚一直可追溯到一千二百多年前的奈良时代，由中国唐代的鉴真和尚（公元688年~公元763年）及日本的留学高僧最澄法师（公元767年~公元822年）带入日本，很快流行于日本上层社会。

宋代荣西禅师留学归日后，又弘扬茶法，于是饮茶在日本得以普及。饮茶盛行时，贵族之间经常举行茶会夸富斗豪，有点像宋代的"斗茶"，称之"茶数寄"。平民百姓联谊娱乐，也举行茶会，又叫"茶寄合"。著名茶学家庄晚芳、王家斌考证：余杭"径山茶宴"为日本茶道之源。

15世纪初，名僧村田珠光采用"茶寄合"的大众化形式，吸收"茶数寄"的品茶论质和鉴赏茶具的内容，结合佛教庄严肃穆的仪式，创立了茶道艺术，提倡茶禅合一，旨在清心。以后由禅门逐渐普及民间，形成二十多个流派。

特别设计的古色古香茶馆门面，通过雅、清体现中国茶道之感。

16世纪后期，丰臣秀吉时代的茶道高僧千利休集茶道之大成，创立了最大众化的"一派茶道"，又称"千家茶道"。后来，千利休子孙分为三支，又称"三千家"。"一派茶道"在日本流传最广，影响最深，千利休也被日本人尊为茶道宗匠。

所谓茶道，就是有关沏茶、饮茶的礼仪，有一整套形式，用以修身养性，增进友谊，学习礼法。

千利休提出，茶道的根本精神是"和、敬、清、寂"。和、敬，小而言之，表示主客之间的和睦共处，互相尊敬；广而言之，则寄以社会安定，国家和平的愿望。清、寂，表示茶室环境的清净幽雅与陈设的古色古香，暗含隔绝尘世，清心洁身之意。这四个字，称为"四规"，是茶道的宗旨。

清净优雅的茶室。

⑥ 四川人如何饮盖碗茶？

在汉族居住的大部分地区都有喝盖碗茶的习俗，而以我国的西南地区的一些大、中城市，尤其是成都最为流行。盖碗茶盛于清代，如今在四川成都、云南昆明等地，已成为当地茶楼、茶馆等饮茶场所的一种传统饮茶方法。一般家庭待客，也常用此法饮茶。

饮盖碗茶一般说来，有五道程序：一是净具，用温水将茶碗、碗盖、碗托清洗干净。二是置茶，用盖碗饮茶，所用的茶叶，常见的有花茶、沱茶。三是沏茶，一般用初沸开水冲茶，冲水至茶碗口沿时，盖好碗盖，以待品饮。四是闻香，泡5分钟左右，茶汁浸润茶汤时，则用右手提起茶托，左手掀盖，随即闻香舒腑。五是品饮，用左手握住碗托，右手提碗抵盖，倾碗将茶汤徐徐送入口中，品味润喉，提神消烦。

⑥ 广东人是怎么喝早茶的？

早市茶，又称早茶，多见于中国大中城市，其中历史最久、影响最深的是羊城广州。

无论在早晨上工前，还是在工余后，抑或是朋友相聚，广州人总爱去茶楼，泡上一壶茶，要上两件点心，美名"一盅两件"，如此品茶尝点，润喉充饥，风味横生。广州人品茶大都一日早、中、晚三次，但早茶最为讲究，饮早茶的风气也最盛。饮早茶是喝茶佐点，因此当地称饮早茶谓"吃"早茶。

如今在华南一带，除了吃早茶，还有吃午茶、吃晚茶的。他们把这种吃茶方式看做是充实生活和社交联谊的一种手段。

九道茶斟茶时，八分满即可。

⑥ 云南人如何泡九道茶？

九道茶主要流行于中国西南地区，以云南昆明一带最为时尚。泡九道茶一般以普洱茶最为常见，多用于家庭接待宾客，所以又称迎客茶，温文尔雅是饮九道茶的基本方式。因饮茶有九道程序，故名"九道茶"。

1.赏茶：将珍品普洱茶置于小盘，请宾客观形、察色、闻香，并简述普洱茶的文化特点，激发宾客的饮茶情趣。

2.洁具：迎客茶以选用紫砂茶具为上，通常茶壶、茶杯、茶盘一色配套。多用开水冲洗，这样既可提高茶具温度，以利茶汁浸出，又可清洁茶具。

3.置茶：一般视壶大小，按1克茶泡50~60毫升开水比例将普洱茶投入壶中待泡。

4.泡茶：用刚沸的开水迅速冲入壶内，至三四分满。

5.浸茶：冲泡后，立即加盖，稍加摇动，再静置5分钟左右，使茶中可溶物溶解于水。

6.匀茶：启盖后，再向壶内冲入开水，待茶汤浓淡相宜为止。

7.斟茶：将壶中茶汤分别斟入半圆形排列的茶杯中，从左到右，来回斟茶，使各杯茶汤浓淡一致，至八分满。

8.敬茶：由主人手捧茶盘，按长幼辈分，依次敬茶示礼。

9.品茶：一般是先闻茶香清心，继而将茶汤徐徐送入口中，细细品味，以享饮茶之乐。

布朗族人是怎么喝青竹茶的？

布朗族人喝的青竹茶，制作方法较为奇特。首先砍一节碗口粗的鲜竹筒，一端削尖，插入地下，再向筒内加上泉水，当作煮茶器具。然后找些干枝落叶，当作烧料点燃于竹筒四周。当筒内水煮沸时，随即加上适量新鲜茶叶，待3分钟后，将煮好的茶汤倾入事先已削好的新竹罐内，便可饮用。

傣族人是怎么喝竹筒香茶的？

竹筒香茶是傣族人别具风味的一种茶饮料。傣族同胞世代生活在我国云南的南部和西南部地区，以西双版纳最为集中。傣族同胞喝的竹筒香茶，其制作和烤煮方法甚为奇特，一般可分为5道程序：

1.装茶：将采摘细嫩、再经初加工而成的毛茶，放在生长期为一年左右的嫩香竹筒中，分层陆续装实。

2.烤茶：将装有茶叶的竹筒放在火塘边烘烤，为使筒内茶叶受热均匀，通常每隔4~5分钟应翻滚竹筒一次。待竹筒色泽由绿转黄时，筒内茶叶也已达到烘烤适宜，即可停止烘烤。

3.取茶：待茶叶烘烤完毕，用刀劈开竹筒，就成为清香扑鼻，形似长筒的竹筒香茶。

4.泡茶：分取适量竹筒香茶，置于碗中，用刚沸腾的开水冲泡，经3~5分钟，即可饮用。

5.喝茶：竹筒香茶喝起来，既有茶的醇厚高香，又有竹的浓郁清香，喝起来有耳目一新之感。

一个古雅的茶杯，更好地衬托出了竹的清，茶的醇。

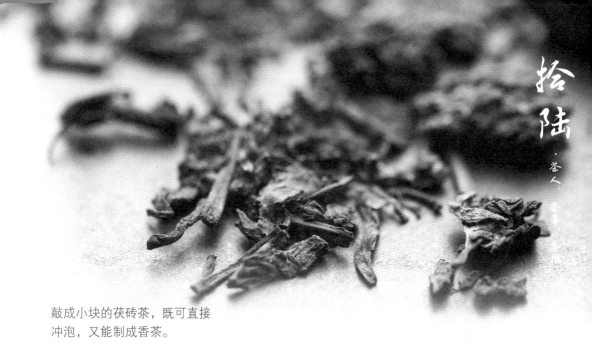

敲成小块的茯砖茶，既可直接
冲泡，又能制成香茶。

⑥ 维吾尔族人爱喝哪种茶？

天山以南（南疆）的维吾尔族同胞平常喜欢喝清茶或香茶，有时也喝奶茶。

清茶的做法是，先将茯砖茶劈开弄碎，依茶壶容量放入适量的碎茶，加入开水急火烧煮沸腾即可。不可用温火慢烧，因为烧的时间过长，就会使茶汤失去鲜爽味并变得苦涩。

南疆人主要从事农业劳动，主食面粉，最常见的是用小麦面烤制的馕，色黄，又香又脆，形若圆饼。进食时，喜欢与香茶伴食，平日也爱喝香茶。他们认为，香茶有养胃提神的作用，是一种营养价值极高的饮料。

南疆维吾尔族同胞煮香茶时，使用的是铜制的长颈茶壶，也有用陶质、搪瓷或铝制长颈壶的，而喝茶用的是小茶碗，这与北疆维吾尔族人煮奶茶使用的茶具不一样。

制作香茶时，应先将茯砖茶敲碎成小块状。同时，在长颈壶内加水七八分满加热，当水刚沸腾时，抓一把碎块砖茶放入壶中，当水再次沸腾约5分钟时，则将预先准备好的适量姜、桂皮、胡椒、香料放进煮沸的茶水中，轻轻搅拌，经3~5分钟即成。为防止倒茶时茶渣、香料混入茶汤，在煮茶的长颈壶上往往套有一个过滤网。

南疆维吾尔族喝香茶，习惯一日三次，与早、中、晚三餐同时进行，通常是一边吃馕，一边喝茶，这种饮茶方式，与其说把它看成是一种解渴的饮料，还不如把它说成是一种佐食的汤料，实是一种以茶代汤，用茶做菜之举。

◎ 藏族人如何烹煮酥油茶？

藏族人烹煮酥油茶的方法是，先将砖茶切开捣碎，加水烹煮，然后滤清茶汁，倒入预先放有酥油和食盐的搅拌器中，不断搅拌，使茶汁与酥油充分混合成乳白色的汁液，最后倾入茶壶，以供饮用。

藏族人多用早茶，饮过数杯后，在最末一杯饮到一半时，即在茶中加入黑麦粉，调成粉糊，称为糌粑。午饭时喝茶，一般多加麦面、奶油及糖调成糊状热食。

◎ 蒙古族人如何饮茶？

蒙古族人饮茶，城市和农村采用泡饮法，牧区则用铁锅熬煮，放入少量的食盐，称为咸茶，这是日常的饮法。遇有宾客来临和节日喜庆，则多饮奶茶。奶茶的烹煮方法是，先将青砖茶或黑砖茶切开捣碎，用水煮沸数分钟，除去茶渣，放进大锅，掺入牛奶，加火煮沸，然后放进铜壶，再加食盐，即成咸甜可口的奶茶。

◎ 印度人是怎么饮茶的？

印度人喜欢饮用马萨拉茶。其制作方法是在红茶中加入姜和小豆蔻。虽然马萨拉茶的制作非常简单，但是喝茶的方式却颇为奇特，茶汤调制好后，不是斟入茶碗或茶杯里，而是斟入盘子里，不是用嘴去喝，也不是用吸管吸饮，而是伸出长长的舌头去舔饮，故当地人称为"舔茶"。

澳大利亚人是怎么饮茶的?

澳大利亚的牧民居住在高寒的山区,以放牧为生,由于气候寒冷,蔬菜极少,使他们成为一个嗜好饮茶的民族。澳大利亚人喜欢饮红茶,而且必须在煮好的茶汤内加入甜酒、柠檬和牛乳,这种有各种味道的茶汤营养丰富,能增加人体的热量。

法国人的饮茶习惯是什么?

法国人饮茶,始盛于皇室贵族以及有闲阶层,以饮用红茶者最多,且一般习惯冲(煮)饮法,即取茶一小撮或一小包(指袋泡茶),冲入沸水后,配以糖或糖和牛乳。

对平素喜爱酒类、咖啡、果汁饮料的法国人来说,味香甘美的茶颇有吸引力。过去有些地方在茶叶中还拌以新鲜鸡蛋,加糖冲饮。在法国市场上,近年来还风行瓶装茶汁,在饮用时加入柠檬汁或橘子汁。如在茶内渗入杜松子酒或威士忌酒,则变成清凉的鸡尾酒。

加入的牛奶与红茶水比例为 3:2 最适宜。

阿根廷人的饮茶习惯是什么样的?

阿根廷人喜欢饮马黛茶,其饮茶方式也别具一格。他们把马黛茶叶放入一个非常精致的、上面刻有民族图案的葫芦形瓢中,然后冲入开水,片刻以后便开始饮用。他们的饮法也很独特,既不用嘴直接去喝,也不用舌头去舔,而是用一根银制的吸管插入葫芦瓢内,像吸饮料一样,慢慢地吸饮。

🌀 阿拉伯人的饮茶习惯是什么样的?

阿拉伯人自古以来与茶结下了不解之缘。年茶叶输入量约27万吨,占世界茶叶贸易量的26%,年人均茶叶消费量1.3公斤,其中卡塔尔与科威特茶叶年人均消费量居世界各国之冠。

在科威特,茶的特殊的药理和营养作用引起人们的强烈兴趣,被人们称为最美好的自然饮料。随着现代化的海水淡化工厂的建立,更促进了茶的消费,使科威特急剧上升为世界上茶叶人均消费量最多的国家之一,超过了著名的饮茶王国——英国。

科威特人酷爱"浓鲜强"风味的红碎茶。冲(煮)饮时佐以糖或糖和牛乳。从早到晚,一般一日饮三五次。多数的科威特人对绿茶还比较陌生,只有少量外籍穆斯林饮用绿茶。

🌀 埃及人的饮茶习惯是什么样的?

玻璃杯衬托得红茶如玛瑙般剔透、明艳。

埃及是重要的茶叶进出口国,埃及人喜欢喝浓厚醇冽的红茶,不喜欢在茶汤中加牛奶,喜欢加蔗糖。埃及糖茶的制作比较简单,将茶叶放入茶杯用沸水冲沏后,杯子里再加上许多白糖,其比例是一杯茶要加三分之二容积的白糖,让它充分溶化后,便可喝了。茶水入嘴后,有黏黏糊糊的感觉,可知糖的浓度有多高了,一般人喝上两三杯后,甜腻得连饭也不想吃了。

埃及人泡茶的器具也很讲究,一般不用陶瓷器,而用玻璃器皿,红浓的茶水盛在透明的玻璃杯中,像玛瑙一样,非常好看。埃及人从早到晚都喝茶,无论朋友谈心,还是社交集会,都要沏茶,糖茶是埃及人招待客人的最佳饮料。

🌀 马来西亚的拉茶是什么？

拉茶是由印度传入马来西亚的饮品，用料与奶茶差不多。调制拉茶的师傅在配制好料后，即用两个杯子像玩魔术一般，将奶茶倒过来，倒过去，由于两个杯子的距离较远，看上去好像白色的奶茶被拉长了似的，成了一条白色的粗线，十分有趣，因此被称为"拉茶"。

拉好的奶茶像啤酒一样充满了泡沫，喝下去十分舒服。拉茶据说有消滞之功能，所以马来西亚人在闲时都喜欢喝上一杯。

🌀 土耳其人的饮茶习惯是什么样的？

土耳其人喜欢饮薄荷茶。在炎热的夏季里，土耳其人喜欢在每半杯绿茶汤里加入二三片新鲜薄荷叶，再加上冰糖。茶汤黄绿，汤面上漂浮着几片薄荷叶。薄荷是清凉剂，具有祛风、发汗、利尿等功效。绿茶与冰糖也都有清凉的作用。茶、冰糖和薄荷三者交融一体，形成了一种独特的风味。

薄荷茶是土耳其人最喜欢的一种饮料，由于薄荷与冰糖气味浓，因此对茶的要求很高，否则会喧宾夺主，失去茶味。土耳其人特别喜欢中国出产的珠茶和眉茶，这两种茶具有外形紧秀，色泽浓得起霜，叶底嫩绿泛黄等特点。加糖以后，茶味不减，汤色不退，加薄荷叶后，香味不散。

薄荷绿茶看着就清爽，最适合夏季饮用。

拾柒

茶与健康

一杯清茶，带来的是身与心的轻松。古人便早有阐述，卢仝曾道：「一碗喉吻润，两碗破孤闷。三碗搜枯肠，唯有文字五千卷。四碗发轻汗，平生不平事，尽向毛孔散。五碗肌骨清，六碗通仙灵。七碗吃不得也，唯觉两腋习习清风生。」

⑥ 为什么茶能消炎灭菌？

茶叶中的黄烷醇类能促进肾上腺体的活动，而肾上腺素的增加可以降低毛细血管的透性，减少血液渗出，同时对发炎因子组胺具有良好的抵抗作用，属于激素型的消炎作用。

茶黄烷醇类化合物本身还具有直接的消炎效果。我国民间在古代就有用茶汁处理伤口、防止伤口发炎的做法。茶叶中的茶多酚对伤寒杆菌、金黄色溶血性葡萄球菌、痢疾、蜡状伤寒、止痢等有效果。此外，饮茶还可杀灭肠道的有害细菌，同时又能激活和保护肠道中的有益微生物。

⑥ 为什么茶能抗辐射？

辐射引起的损伤之一是破坏造血功能，降低血液中的白细胞数。癌症病人的放射治疗，往往由于白细胞严重下降，免疫功能遭破坏，而导致放射治疗不能继续进行。

茶叶中的茶多酚、脂多糖、维生素C等不仅能提高机体的免疫功能，还能有效地提高白细胞数量。因此，茶叶的抗辐射功效是明显的。对于拍X光片、看电视、用计算机等的辐射危害，我们应该采取积极的的预防措施，多饮茶是一种好的方法。

⑥ 为什么茶能预防便秘？

便秘是由于肠管松弛，使肠的收缩蠕动力减弱而发生的。茶叶中茶多酚的收敛作用能使得肠管蠕动能力增强，因此有治疗便秘的效果。

决明子茶防便秘。

为什么茶能抗癌？

茶叶有抗癌功效是近期中外专家研究后的新发现。专家经过小白鼠的体内试验，认为经常喝茶可以预防癌症，茶叶中有某种物质，经过血液循环，可以抑制和破坏全身各个部位的癌细胞。

日本的专家也发现，人及不少动物的胎盘中有可以强有力地消除癌及突然变异原的物质，后来又发现在茶

郁金抗癌茶

叶中有这类物质，其抑制效力相当胎盘液的数分之一。

日本的专家进行了茶叶中单宁物质（即茶多酚）的抗癌试验，结果认为茶单宁对引起突然变异的变异源抑制效果相当明显。另外，茶叶中还有丰富的维生素C和维生素E，也具有辅助抗癌功效。中国预防医学科学院韩驰教授的研究表明，茶多酚和茶色素均显示出明显的防癌作用。

为什么茶能降血压？

高血压是一种常见病，分为原发性高血压（本态性高血压）和继发性高血压（症状性高血压）。原发性高血压约占高血压患者的90%。

关于原发性高血压的发病机制有两种观点：一种认为是由于交感神经兴奋引起的，另一种则认为由于受肾素和血管紧张素类物质的控制所引起的。

麦门冬竹叶茶降压。

肾素可促使血管紧张素分解为无活性的血管紧张素I，而在血管紧张素I转化酶的作用下，血管紧张素I可变为能使血管收缩并促进胆固醇分泌，导致血压升高的血管紧张素I。已经证明，茶多酚对血管紧张素I转化酶活性有明显的抑制作用，从而达到降血压的作用。此外，茶叶中的咖啡因和茶多酚能使血管壁松弛，增加血管的有效直径，通过血管舒张而使血压下降。

⑥ 为什么茶能延缓衰老?

人体衰老的重要原因是产生了过量的自由基,这种具有高能量、高活性的物质,起着强氧化剂的作用,使人体内的脂肪酸产生过氧化作用,破坏生物体的有机大分子和细胞壁,细胞很快老化,从而导致代谢功能下降、人体衰老。因此若是可以控制人体内脂质过氧化,就能起到延缓衰老的作用。

茶叶(主要是绿茶)中的儿茶素类化合物具有较强的抗氧化活性。经过抗衰老试验,结果表明,20ppm的表没食子儿茶素没食子酸酯(EGCG)

绿茶最能抗衰老。

抗衰性明显优于维生素E和叔丁基对甲基茴香醚(BHA)等高效抗衰物质。科学家建议,每人每天只要坚持喝5~10克绿茶,持之以恒,连续不断,可以起到延缓衰老作用。

⑥ 为什么绿茶能除口臭?

绿茶能除口臭,主要是由绿茶中类黄酮化合物的特殊性质所决定的。

日本口腔专家从绿茶中提取六大类化合物(山奈素、槲皮素等黄酮醇类;氨基酸类;单宁类;有机酸;嘌呤类和皂角苷)的综合体制成新型口香糖。经试验,效果良好,因为通过口香糖的咀嚼,口腔内的细菌被抑制,口腔得到净化。

同时,对生理性的口臭(是口腔内上皮结合组织等由于酶的分解作用,生成甲基硫醇为主体的挥发性硫化物所引起的)也可取得满意的效果。其道理是这些化合物能与恶臭物质起中和反应、附加反应、酯化反应等化学反应,还能起吸附等物理作用。

⑥ 为什么茶能解除毒素?

工业的发展,在带来繁荣的同时,也导致了环境污染。各种重金属在食品、饮水中含量过高对人体健康具有明显的毒害作用。

如铅中毒会使人降低免疫力和缩短寿命,过量汞的摄入会损害肾脏和神经系统;过量的镉往往会损害骨骼而引起相关的慢性疾病。

茶可解毒。

而茶叶中的茶多酚可与重金属结合产生沉淀,使身体中的一些有害物质迅速排出体外,达到解毒效果。

⑥ 为什么茶能美容?

茶叶,不但能解渴、除异味,而且还有很好的健身美容之功效。

现代医学研究证明,茶叶中含有丰富的营养物质和药理成分,如茶碱、儿茶素、氨基酸、脂多糖、矿物质和维生素等。尤其是维生素的含量较多,据测定,每100克茶叶中维生素含量达180毫克,比白菜高出7倍,比香蕉高10倍;维生素B$_1$含量比苹果高6倍;

薰衣草红茶美容。

维生素A的含量比鸡蛋高6倍。可见,茶叶是一种富含维生素的美容佳品。

茶叶中的儿茶素是天然抗氧化剂,能提高超氧化物歧化酶的活性,有利于机体对自由基、脂质过氧化物的清除,有抗衰老的作用。有关研究发现,儿茶素的抗衰老作用比维生素C和维生素E还高,特别在增强机体对各种细菌的抵抗力和免疫力方面更显得突出。因此,经常饮茶能延缓衰老、减少生病,使人青春永驻。

除了喝茶美容外,茶叶还可用于茶浴美容和洗发美容。茶浴美容是在浴盆中冲泡些茶叶水,浴后全身会散发出茶叶的清香,给人以美的享受。而且经过茶浴浸泡以后,皮肤会变得光滑细嫩。用茶叶水洗头发,可促进头发生长和血液循环,使头发健康美丽。

⑤ 为什么喝绿茶能预防贫血？

绿茶中含有丰富的叶酸，具有预防贫血的功效。因为叶酸是嘌呤的衍生物，也是B族维生素之一，它同氨基酸和核酸的代谢有关，人体缺乏叶酸时会产生巨细胞型贫血。

据研究，5杯绿茶中就含有每人每日所需叶酸量的四分之一。为了保持绿茶水中的叶酸量，最好用沸水泡茶，冲好后加盖，且要紧密（高档绿茶不要盖紧），静置20分钟后饮用。

⑤ 为什么喝茶可以降血糖？

糖尿病是以高血糖为特征的代谢内分泌疾病，它是由于胰岛素不足和积压糖过多引起糖、脂肪和蛋白质等代谢紊乱。

临床实验证明，茶叶（特别是绿茶）有明显的降血糖作用。茶叶中的维生素C、维生素B_1能促进糖分的代谢作用，先天性糖尿病的患者可常饮绿茶为辅助疗法，而常饮绿茶也可以预防糖尿病的发生。

甜菊叶绿茶具降糖功效。

⑤ 为什么喝茶能够降脂减肥？

茶叶能降低血液中三甘油酸酯的含量，茶叶中具有降脂作用的物质主要有茶多酚、茶多糖和咖啡因等。茶多酚主要抑制细胞中胆固醇的合成，茶多糖能升高高密度脂蛋白含量，加强胆固醇通过肝脏的排泄，而咖啡因则可使血管平滑肌松弛，增大血管有效直径，促进脂肪的分解，能提高胃酸和消化液的分泌。茶叶中的叶绿素可抑制胃肠道对胆固醇的吸收。以上这些因素共同起着消解脂肪、降低血脂、防止肥胖的作用。

乌龙陈皮梅茶具减肥功效。

⑤ 心脏病、高血压患者应如何饮茶?

对于心动过速的病患者以及心、肾功能减退的病人,一般不宜喝浓茶,只能饮用些淡茶,每次饮用的茶水量也不宜过多,以免加重心脏和肾脏的负担。

对于心动过缓的心脏病患者,或是动脉粥样硬化、高血压初期的病人,可以经常饮用高档绿茶,这对促进血液循环、降低胆固醇、增加毛细血管弹性及增强血液抗凝性都有一定的好处。

⑤ 糖尿病患者可以多饮茶吗?

糖尿病患者的病症是血糖高、口干口渴、乏力。实验表明,饮茶可以有效地降低血糖,且有止渴、增强体力的功效。

糖尿病患者一般宜饮绿茶,饮茶量可稍增多一些,一日内可数次泡饮,使茶叶的有效成分在体内保持足够的浓度。用冷水泡茶,控制血糖的效果尤佳。饮茶的同时,可以吃些番瓜食品,这样有增效作用。1个月为一疗程,通常可以取得很好的疗效。

⑤ 肝炎病人能饮茶吗?

现代药理研究证明,茶叶中含400多种化学物质,可以治疗放射性损伤,对保护造血机能,提高白细胞数量有一定功效,并可用来治疗痢疾、急性胃肠炎、急性传染性肝炎等疾病。

肝炎病人急性期,特别是黄疸性肝炎,多以湿热为主,因此饮茶可以起到清热利湿的治疗作用。肝炎病人饮茶,应以绿茶为主,忌饮浓茶,因经加工的红茶其清热作用已经很弱。

肝炎病人饮茶应适时适量,饭前尽量避免饮用,因饭前饮水量过多,可稀释胃液,影响消化功能。

肝炎病人适合喝清淡的绿茶。

胃病患者应如何饮茶?

胃病的种类很多,最常见的有浅表性胃炎、萎缩性胃炎、胃溃疡、胃出血等。胃病患者服药时一般不宜饮茶,服药2小时后,可饮用些淡茶、糖红茶、牛奶红茶,有助于消炎和胃黏膜保护,对溃疡也有一定的疗效。饮茶还可以阻断体内亚硝基化合物的合成。

牛奶红茶适合胃病患者。

神经衰弱患者应如何饮茶?

神经衰弱的主要症状是夜晚不能入睡,白天无精打采没有精神。神经衰弱患者往往害怕饮茶,认为饮茶后,刺激神经,可能更加睡不着觉。

实际上,从辨证施治的观点来看,要使夜晚能睡得香,必须在白天设法使其达到精神振奋。因此,神经衰弱者上午可以饮花茶,下午饮绿茶,达到振作精神的目的,到了夜晚不再喝茶,特别不能喝第一泡茶,稍看点书报就能安稳入睡。如能坚持数日至一周,必定会收到较好的效果。

尿路结石患者能喝茶吗?

医生常常会劝那些患有尿道结石的病人多喝水,以帮助排石,然而有相当多的病人不是喝白开水而是喝茶水,这非但无益反而有害。

尿路结石的物质组成成分中,约八成左右属草酸钙结晶,所以从饮食中吸收的草酸与钙质的量的多少,是影响尿路中草酸钙结石生成和长大的重要因素。

尿路结石病人除了大量喝水以减少草酸钙在尿路中结晶的机会外,还要避免摄取含钙及草酸多的食物,以预防结石再生或长大。茶叶中的草酸含量较大,因此病人应该少喝茶,多喝白开水。

⑤ 儿童能否饮茶？

一般家长都不敢给儿童饮茶，认为茶的刺激性大，怕伤了孩子的脾胃。

其实，只要合理饮茶，茶水对儿童的健康成长同样是有益的，因为茶叶可以帮助消化吸收，促进身体发育生长，茶叶中的氟可防龋齿等。儿童喜动，注意力较难集中，但若适量饮茶，可以调节神经系统，茶叶还有利尿、杀菌、消炎等多种作用。

儿童合理饮茶的一般要求是：每日饮量不超过2~3小杯（每杯投茶量为0.5~2克），尽量在白天饮用，茶汤要偏淡并温饮。

孩子学会自己泡茶喝，健康的同时，怡情怡性。

儿童饮茶最需要注意的是：儿童不宜喝浓茶，以避免孩子过度兴奋、小便次数增多和引起失眠。茶叶浓度太高时，茶多酚的含量也会增高，易与食物中的铁发生作用，不利于铁的吸收，易引起儿童缺铁性贫血。另外，泡茶的时间不能太久，以免因茶中的鞣酸浸出太多，与食物中的蛋白质结合而沉淀，从而影响消化吸收，使食欲降低。

总之，儿童饮茶应注意浓度和饮茶的时间，在晚上临睡前不要饮茶。

⑥ 为什么少女要少饮茶和不饮浓茶？

因为饮浓茶容易引起少女缺铁性贫血。少女正是处在青春发育期，月经刚刚来潮，排出经血量多的达100多毫升，少者也有10~20毫升。经血中含有高铁血红蛋白、血浆蛋白和血红蛋白成分，这些有益成分必须从日常的饮食中得到补充，而浓茶妨碍肠黏膜对铁质的吸引，容易造成少女缺铁性贫血。

青少年喝茶有什么好处？

当代的青少年很多都有贪食和偏食的不良习惯，由此引起消化不良及某些营养元素的缺乏。

适量饮茶对调节胃的肌肉组织，缓和肠道的紧张度，加强小肠运动，提高胆汁、肠液的分泌量都有益。茶汤中的咖啡因、茶多酚、维生素等具有调节脂肪代谢作用，能帮助消化吸收。

青少年还可以从茶汤中摄取生长发育和新陈代谢所必需的矿物质，如缺锌可能导致个子矮小，缺锰会影响骨骼的生长而导致畸形。

此外，青少年一般喜欢吃糖，容易使牙齿病变。茶叶中含有氟和茶多酚化合物，适当饮茶可以抑制牙齿缝隙内的细菌生长，预防龋齿的发生。

饭后 1 小时饮一杯茶，帮助消化，预防龋齿。

女性生理期能喝茶吗？

经血中含有比较高的血红蛋白、血浆蛋白和血色素，所以女性在生理期不妨多吃含铁比较丰富的食品。

而茶叶中含有30%以上的茶多酚，且浓茶中含有较多的咖啡因，对神经系统和心血管系统有一定的刺激作用。生理期饮茶过多或饮浓茶，易导致痛经、生理期延长或经血过多；同时茶中所含的茶多酚，在肠道中易与食物中的铁或补血药中的铁元素结合，产生沉淀，阻碍肠黏膜对铁的吸收和利用，易导致缺铁性贫血的发生。因此女性生理期不宜喝浓茶。

⑥ 孕妇能喝茶吗？

孕妇可以适量饮茶，但应注意清淡而不浓稠，切忌饮用浓茶。因为孕妇喝浓茶后，茶叶中的咖啡因不仅会被孕妇吸收，也会被胎儿吸收，对胎儿造成过分刺激，对胎儿生长发育不利。而且咖啡因还会加快孕妇的心跳和排尿，从而增加孕妇的心、肾负担，易引起心悸、失眠，导致体质下降等不良症状。因此，孕妇以少饮茶为好。

⑥ 哺乳期女性能喝茶吗？

哺乳期女性若过量饮茶或饮浓茶，由于咖啡因的兴奋作用，不能得到充分的睡眠，不易消除疲劳。而且茶中所含的咖啡因通过乳汁被新生儿吸入后，可兴奋其呼吸、胃肠等未发育完全的器官，从而使呼吸加快、胃肠痉挛，婴幼儿会无缘无故地哭闹。

所以饮浓茶，尤其是夜间饮浓茶，会导致母子均难以入睡，对母亲的身体恢复与孩子的生长发育不利。浓茶中的高浓度鞣酸被胃肠黏膜吸收，进入血液循环后，可产生收敛的作用，会抑制母亲乳腺的分泌，造成乳汁的分泌障碍，致使婴幼儿"缺粮"而不能正常生长发育。

⑥ 更年期女性能喝茶吗？

45岁以后，女性开始进入更年期。进入更年期的女性，除月经紊乱外，还可出现心动过速、失眠、烦躁、易激动、发怒等症状。因此，更年期女性不宜过多喝茶以及喝浓茶。

⑥ 老年人喝茶要注意什么？

老年人适量饮茶有益于健康，但是如果饮茶不当，反而会给身体带来不利。因此，日常生活中老年人饮茶应因人而异。

老年人随着年龄的增长，消化系统和各种消化酶分泌减少，使消化功能减退。如果大量饮茶，会稀释胃液，影响食物的消化吸收；同时胃酸也会被稀释，使胃肠道杀菌防卫功能降低，易感染胃肠道疾病。

由于老人的体质呈进行性下降，对茶叶中的咖啡因的耐受能力也在下降，所以应特别注意饮茶的时间和茶水浓度。一般来说，早上起来后胃中空空，过服浓茶会引起胃肠不适，故不宜饮茶。晚上不饮茶，以喝白开水为宜，以免神经过于兴奋而影响睡眠。

对于老年人来说，饮茶如果过量、过浓，会因为摄入较多的咖啡因等物质，出现失眠、耳鸣、眼花、心律不齐、大量排尿等症状。部分老年人，心肺功能不好，如果大量饮茶，较多的水分被胃肠吸收后进入人体的血液循环，可使血容量突然增加，加重心脏负担，有时会出现心慌、气短、胸闷等不舒服的感觉，严重时可诱发心力衰竭或使原有心衰加重。因此，有心脏病的老人，饮茶宜温、宜清淡。

老年人如果常饮浓茶，茶鞣酸与食物中的蛋白质结合，形成块状的、难于消化吸收的蛋白质，会加重便秘；老年人肾功能逐渐衰退，如饮茶过多过浓，咖啡因等的利尿作用定然会加重肾脏负担及尿失禁症状，会给老人带来更大的痛苦。

老人喝蒲公英龙井茶明目健脑。

⑥ 吸烟的人喝绿茶有什么好处？

香烟中的尼古丁会使促进血管收缩的激素分泌量增加，而血管收缩的结果会影响血液循环，减少氧气的供应量，导致血压上升。

吸烟还会加速动脉硬化和使体内维生素C含量下降，加速人体老化。香烟烟雾中含有苯并芘等多种致癌物质，而绿茶提取物可以抑制香烟烟雾提取物的诱导畸变。

麦冬绿茶

坚持饮绿茶，还可以增强身体的抵抗能力。对吸烟者来说，饮茶虽然有一定的好处，但是它只是一种补救措施，不能完全消除吸烟对身体造成的损害。从根本上来说，为了健康，彻底戒烟才是最好的选择。

⑥ 为什么经常用电脑的人应常饮绿茶？

众所周知，电脑辐射害人，且在电脑前长时间端坐不利健康，不利体形，而饮用绿茶则可以很好地改善这种情况。

茶叶中抗辐射作用的物质主要是：茶多酚、脂多糖、维生素C、维生素E、胱氨酸、半胱氨酸、B族维生素等。实验证明，10微克/毫升茶多酚的作用可以相当于200微克/毫升维生素E的作用。试验中使用茶叶中提取的多酚物质饲喂大白鼠，再用致死剂量的放射性锶-90（90Sr）进行处理。

结果发现，茶叶约可将其吸收90%，而且吸收的时间比同位素到达骨髓的时间短，这就大大减少了生物体吸收这类物质的风险，降低了生物体内积累的锶-90（90Sr）的水平。尽管茶叶防辐射损伤的机理还有待深入的研究，但很多动物实验和临床效果是十分明显的。

上班时泡一壶绿茶，看着茶叶在玻璃壶中伸展，吸收辐射的同时，连心情都愉悦了。

绿茶最适合从事什么工作的人喝？

一般而言，脑力劳动者、播音员等偏于静态的劳动者，宜喝高档绿茶，以保持头脑清醒，舒筋活络，增强思维能力、判断能力和记忆能力。

重体力劳动者、野外工作者、运动员、士兵等，也宜喝绿茶，并可多喝些，以提高脑子的敏捷程度，调节体液，保护皮肤。

经常接触有毒物质和放射线、生物制剂的工作人员，长期看电视、电脑的人，可选择绿茶作为保护饮料，以便较好地预防辐射或其他物质对身体健康的危害。

哪些人应少饮茶？

一般来说，饮茶对人是有很多好处的。但是对于一些特殊人群来说，饮茶要谨慎。

1.年老体弱者应少饮茶。

2.某些病症患者应慎饮茶。医学专家指出，严重的动脉硬化者、高血压病人、溃疡病患者、发热病人在饮茶上应慎重为宜。

3.孕妇要少饮茶。因茶中含有一定量的咖啡因，咖啡因会对胎儿产生不良刺激，影响生长发育。

喝什么茶更有助于减肥？

一般经验认为，乌龙茶、普洱茶更有利于降脂减肥。目前，市场上还有一类减肥茶——袋泡保健茶，是以茶叶为基础，配以决明子、山楂、荷叶等多种中草药制作成的，如宁红减肥茶、健美减肥茶、七珠健美茶、上海健美茶等，饮用方便，疗效因人而异，各有一定的适应症。

不同年龄的人如何喝茶？

从性别、年龄来说，妇女、儿童适宜喝绿茶、花茶，且要清淡些。老人宜喝红茶，因其为暖性，也可调节饮用绿茶和花茶。青年人正处于身体发育的旺盛期，需要更多的营养物质，喝绿茶最好。身体健康的中年人，只要饮茶适量，什么茶都无妨。

吃腌制蔬菜或腌腊肉制品后应多喝茶？

腌制蔬菜和腌腊肉制品，如泡菜、咸菜、腌肉、腊肉、火腿等，常含有较多的硝酸盐，若是同时含有二级胺，二者可发生化学反应而产生亚硝胺。亚硝胺是一种危险的致癌物质，极易引起细胞突变而致癌。

茶叶中的儿茶素类物质，具有阻断亚硝胺合成的作用，因此食用了盐渍蔬菜和腌腊肉制品以后，应多饮些儿茶素含量较高的高档绿茶，可以抑制致癌物的形成，而且能增强免疫功能，有益于健康。

如何用茶叶改善黑眼圈？

产生黑眼圈的主要原因有：睡眠不足、用眼过度、较长时间的强光刺激、缺少维生素B_{12}、轻度发炎、贫血、在阳光下曝晒过久、遗传、疏忽护理、月经期间、性生活过度等，这些原因都会导致黑眼圈，因此要根据不同的情况加以防治。

避免黑眼圈的最好办法是：作息正常、睡眠充足、营养均衡、多运动、多呼吸新鲜空气来减少压力，并避免太阳直接照射，以减少黑色素的产生。

消除黑眼圈最简单的方法是：先把2袋茶包（茶叶包在纱布中）在冷水中浸透，闭上眼睛，在左、右眼皮上各放1个茶包，搁15分钟；或是用清洁的棉织手帕包冰块，搁在黑眼圈上停留几分钟。经常坚持，"熊猫眼"就会大大改观。

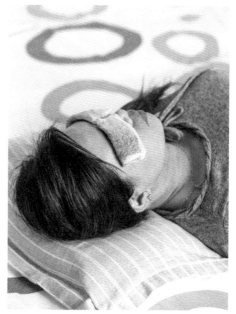

双眼各放一个冷水浸泡的茶包，黑眼圈能很快消除。

🌀 喝浓茶对身体好吗？

所谓浓茶是指泡茶用量超过常量的茶汤。喝浓茶对不少人是不适宜的，如夜间饮浓茶，易引起失眠。心动过速的心脏病、胃溃疡、神经衰弱、身体虚弱胃寒者都不宜饮浓茶，否则会使病症加剧。空腹也不宜喝浓茶，否则常会引起胃部不适，有时甚至产生心悸、恶心等不适症状，发生"茶醉"现象。出现"茶醉"后，吃一两颗糖果，喝点开水就可缓解。

盖碗泡茶时，茶叶超过了杯子的1/3，便容易形成浓茶。

但浓茶也并非一概不可饮，一定浓度的浓茶有清热解毒、润肺化痰、强心利尿、醒酒消食等功效。因此，遇有湿热症和吸烟、饮酒过多的人，浓茶可使其清热解毒、帮助醒酒。吃了油腻过重的食物，浓茶有助消食去腻。对口腔发炎、咽喉肿痛的人而言，饮浓茶有消炎杀菌作用。

🌀 喝茶会让牙齿变黄吗？

喝茶尤其是长期喝浓茶，茶叶中的多酚类氧化物易附着于牙齿表面。如果不刷牙，确实会使牙齿逐步变黄，就像茶壶、茶杯长期不清洗结有一层"茶锈"一样。

如果喝浓茶加上有吸烟习惯的人，常会加剧牙齿的黄化，这是值得重视的问题。然而，一般饮茶者，只要不抽烟，注意早晚刷牙，而且经常适当吃些水果等食物，牙齿绝不会变黄。

相较其他茶类，绿茶由于茶多酚含量高，较易造成牙齿变黄。

☙ 受潮后的茶叶还能饮用吗？

茶叶受潮要看受潮时间的长短，如受潮时间短，茶叶未变质，可立即采取干燥手段(如烘干、炒干等)，去除多余水分，茶叶尚能饮用，但品质会有影响，如汤色变黄，香气转低。如受潮时间长，茶叶已经变质，甚至霉变，这是不可逆转的变化，此茶就不能饮用。

☙ 为什么有严重的烟焦茶和已经发霉的茶叶不宜饮用？

严重的烟焦茶与其他已烤焦的食物一样，易产生部分3,4-苯并芘，这是一种危险的致癌物，在身体中积累多了，易引起细胞突变，有致癌的危险性，因此严重的烟焦茶是不宜饮用的。

当然，一般轻微的烟焦茶，经过贮存一段时间以后，烟焦味会自动消失或减轻，这样的茶叶经过检测，3,4-苯并芘的含量是在食物允许量范围以内，对身体不会产生危害。

已经发霉的茶叶是不能饮用的，有人认为丢弃太可惜，只是简单的晒晒吹吹，还想泡着喝，这是很危险的。因为已经发霉的茶叶，常滋生了许多有害真菌，分泌出了不少有损于健康的毒素。

喝了这样的茶水，常会发生腹痛、腹泻、头晕等症状，严重的话会影响到某些脏器，引发某些疾病，千万不要贪小失大。需要注意的是，有些极细嫩的茶叶，如碧螺春、毛峰等，常披满银毫，即白色茸毛较多，不要把这种正常优良品质标志的白色茸毛当作茶叶发霉，这一点对某些不太熟悉名优绿茶的人来说，需要注意辨别。

怎么安排一日饮茶？

善饮茶者，一日不同时间也安排饮用不同的茶。清晨一杯淡淡的高级绿茶，醒脑清心；上午喝一杯茉莉花茶，芬芳怡人，可提高工作效率；午后喝一杯红茶，可解困提神；下午喝一杯牛奶红茶，或喝一杯高档绿茶，加一些茶点，以补充营养；晚上与朋友或家人团聚在一起，泡上一壶乌龙茶，边谈边饮，别有一番情趣。

午后宜喝红茶。

可以边喝茶边吃饭吗？

吃饭时尽量不要饮用茶水，以防茶水冲淡胃液，或是茶水中的物质与蛋白质进行反应，影响消化，特别是吃豆制品的时候。

饭后可以立即喝茶吗？

一些人餐中吃油腻的东西太多，认为饮茶，尤其是饮浓茶有助于解油腻而立即饮茶，这是不可取的。

当食物进入胃里时，胃内消化的第一步就是分泌大量胃酸，主要成分是盐酸，其浓度为0.4%~0.5%。盐酸能促进胃蛋白酶原的活化，也可杀死进入胃里的致病菌。如果饭后立即饮茶，会稀释胃酸浓度，影响酶原活化，使胃内的食物未充分消化就由胃的贲门排入十二指肠。这样既增加胃的负担，也影响十二指肠对食物营养的吸收，久而久之便会引起肠胃等消化道疾病。同时，也影响肠胃对铁元素的吸收。最好是在饭后1小时左右饮茶。

🌀 餐前、餐后如何喝茶？

餐前适合喝红茶。

餐前适合喝普洱茶或红茶。餐前原则上是空腹，空腹喝刺激性强的茶会引起心悸、头昏、眼花、心烦的现象，同时也会降低血糖，让人更感饥饿。而红茶、普洱茶的深红色及沉稳香气能促进食欲，培养进餐时的好胃口。

餐后适合喝乌龙。

餐后适合喝乌龙茶、绿茶、花茶类。这类茶香气较重，餐后喝能带来轻松愉快的气氛。

无论是餐前喝茶或是餐后喝茶，最好能和餐饮时间相隔1小时，才能真正达到饮茶健康的最好效果。

🌀 一天喝多少茶为宜？

饮茶量的多少取决于饮茶习惯、年龄、健康状况、生活环境、工作性质、风俗等因素。

1. 一般健康的又有饮茶习惯的成年人，一日饮茶10~15克（每次泡3~5克）。

2. 从事体力劳动的，消耗多，进食量大，一日饮茶15~20克，高温作业的则再适当增加。

3. 以牛羊肉为主食的，饮茶可帮助消化，防止脂肪和胆固醇过多累积，

可视食肉量的多少而增加用茶量。

4. 对于身体虚弱或神经衰弱的，一日以3~5克为宜，尤其是空腹或夜间不宜饮茶，以防失眠。

5. 对从事经常接触放射线和在其他毒物污染环境中工作的人，一日可饮茶10~15克，以作自身保护。

此外，吃油腻食物较多、烟酒量大的人也可适当增加茶叶用量。孕妇和儿童、神经衰弱者、心动过速者，饮茶量应适当减少。

⓺ 饭后用茶水漱口好吗？

饭后，口腔齿隙间常留有各种食物残渣，经口腔内的生物酶、细菌的作用，能生成蛋白质毒素、亚硝酸盐等致癌物。这些物质可经喝水、进食、咽唾等口腔运动进入消化道，危及人体。

饭后用茶水漱口，正好利用茶水中的氟离子和茶多酚，抑制齿隙间的细菌生长，而且茶水还有消炎、抑制大肠杆菌、葡萄球菌繁衍的作用。茶水还可将嵌在齿缝中的肉食纤维收缩而离开齿缝。所以，饭后用茶水漱口有利健康，尤其是饱食油腻之后，尤为明显。

唐代著名医学家孙思邈去世时是102岁，生前，有人向他请教"长寿之诀"，他概括为"节制饮食、细嚼慢咽、食不过量、酒不过度、饭后漱口"等40字。所以，饭后用茶水漱口是有利健康长寿的。

⓺ 茶与食物应如何搭配？

茶中所含的复杂成分和不同的食物混合，都会引起不同的作用。因此喝茶的人，对什么茶和什么食物相配会起有益作用，哪些茶和哪些食物相配会起有害作用，都应该有所了解。

例如，吃牛肉面时宜喝绿茶或包种茶。因为牛肉面含热量高，而且牛肉面大多是辣的，吃后容易浑身发热，满头大汗，这时候喝比较清寒的绿茶或包种茶能起到调和与平衡作用。

吃鸡鸭肉类时，喝乌龙茶较能调和味道，鸡鸭肉和乌龙茶搭配的风味特别好。

1杯乌龙茶，便能解除鸡鸭肉带来的油腻感。

吃海鲜鱼虾类，含磷、钙丰富的食物时，最好不要喝茶，因为茶中含有的草酸根容易和磷、钙形成草酸钙的结石症，累积下来不容易排出体外，时间一长将会危害人体的健康。

⑥ 隔夜茶能喝吗？

食物中的硝酸盐或亚硝酸盐类物质，在一定的条件下可与二级胺合成亚硝酸胺，而亚硝酸胺是一种化学致癌物质。于是有人便猜测隔夜茶中会有亚硝酸盐产生，会致癌。

其实，茶叶中即使产生亚硝酸盐，也是微乎其微的，何况亚硝酸盐本身并不会致癌，转化为亚硝胺以后才会致癌。此外，茶叶中含有的丰富的茶多酚和维生素C，能抑制亚硝酸胺的合成。因此，隔夜茶只要未变质，就可以放心喝。

喝不掉的茶还是直接倒进水盂为宜，不要隔夜。

当然，我们并非提倡人们去饮隔夜茶。任何饮品，大抵都是以新鲜为好，茶叶也不例外。所以，茶叶最好还是现泡现饮，尤其是在夏季。

⑥ 能用茶水送药吗？

中医主张服用中药应忌饮茶，其原因在于茶叶里含有的咖啡因、茶碱、可可碱和茶多酚等物质，可能会与某些药物成分发生作用，影响药物疗效。

服用某些西药不能饮茶或用茶水送服，也是这个道理。例如眠尔通、

中药丸也不适宜用茶送服。

巴比妥、安定等中枢神经抑制剂就可与茶中咖啡因、茶碱等发生冲突，影响药物的镇静助眠效果；心血管病人或肾炎患者服用的潘生丁，可与茶中的咖啡因发生作用，减弱潘生丁的药效；苏打片中的苏打可以与茶多酚发生化学反应，使苏打分解失效。此外，氯丙嗪、氨基比林、阿片全碱、黄连素、洋地黄、乳酶生、多酶片、胃蛋白酶、硫酸亚铁以及四环素等抗生素药物，都会与茶多酚结合产生不溶性沉淀物，影响药物的吸收。

综上所述，除医生特意叮嘱的要以茶水送服的药物以外，最好不要以茶水送服或服药后立即饮茶。

喝茶也会"醉"吗？

不常喝茶的人，或空腹喝茶太多、太浓的人，容易出现"茶醉"。其症状的表现是失眠、心悸、头痛、眼花、心烦、四肢无力、肠胃不舒服等。主要原因是茶汤阻止胃液分泌，妨碍消化，引起消化系统紊乱。这时，只要口含糖果或喝些糖水，便可缓解。吃点稀饭效果更好。

茶垢对身体有害吗？

饮茶后，茶具常常会积累一层茶垢。这种茶垢的危害性往往被人忽视。

茶具内壁长出的茶垢，含有镉、铅、砷、汞等多种金属物质。如不及时清除，在饮茶时便极易把这些物质摄入体内，并与食物中的蛋白质、脂肪和维生素等营养物质生成难溶的沉淀物，阻碍营养的吸收。

同时，这些物质进入身体之后，还会引起神经、消化、泌尿和造血系统的功能紊乱，引起病变。故应经常及时清洗茶具内壁的茶垢，以免危害身体健康。

发烧时能喝茶吗？

民间有感冒发烧多喝茶的习俗，其实发烧喝茶害处较大。茶中的茶碱和鞣酸对发烧病人是不利的，因为茶碱有兴奋中枢神经、加强血液循环及使心跳加速的作用，相应的也会使血压升高。

发烧病人的体温已比平时高，如果饮茶，由于茶碱的作用，会使体温更高。另外，鞣酸有收敛的作用，会直接影响汗液的排出，阻碍正常的排热。由于热量得不到应有的发散，体温自然不容易降下来。故发烧病人不宜饮茶。

⑥ 不同季节如何选择不同的茶饮?

一年之中四季变化,人的生理活动也会随之而变化,科学饮茶也是四季有别的,不同的季节应品饮不同品种的茶。

春季,人体也和大自然一样,生机勃勃,正处于舒畅发放之际,这时以饮香郁的花茶为好,可以散发入冬以来积聚在人体内的寒气,促使人体阳气生发,消除春困。

夏季,气候炎热,人体大量出汗,津液消耗较多,宜饮性味苦寒的绿茶。绿茶性苦,可以消热、消暑、解毒、止温、强心。绿茶中茶多酚、咖啡因、氨基酸等含量较多,可刺激口腔黏膜、促进消化腺分泌,利于生津止渴。若能在绿茶中添加几朵杭白菊、金银花,或几滴柠檬汁、薄荷汁,更能增加清凉消暑的作用。苦丁茶有利于清热解毒、生津止渴、消暑利尿。

秋季,天气转凉,气候干燥,人体津液未完全恢复平衡,这时候可饮用乌龙茶类,如铁观音、凤凰单丛等,它们是介于红茶与绿茶之间的半发酵茶,不寒不温,既能清除余热,又可恢复津液,以防治秋燥。此外也可红、绿茶混饮,兼取清热解暑、化痰之效。

冬季,气候转冷,寒气逼人,阴气极盛。这个季节,饮用味甘性温的红茶、普洱茶最为理想,红茶含有丰富的蛋白质,能助消化,补益身体,抵御寒气,增强抵抗能力。

春季茉莉花茶　　　夏季金银花绿茶　　　秋季凤凰单丛　　　冬季红茶

附录 懂点评茶术语

⑥ 外形术语

条索：狭义指叶片经揉捻卷曲成条状。广义指茶的形状，如条形、卷曲形、颗粒形等。

细嫩：多为一心一叶或一心两叶的鲜叶制成，条紧细圆浑，毫尖或锋苗毕露。

紧细：茶的条索卷得紧实而细小，说明原料鲜叶嫩度好，条紧圆直，多芽毫有锋苗。

紧秀：鲜叶嫩度好，条细而紧且秀长，锋苗毕露。

紧结：茶的条索卷紧而结实，但鲜叶嫩度稍差，较多成熟茶(二三叶)，条索紧而圆直，身骨，重实，有芽毫，有锋苗。

紧实：鲜叶嫩度差，但揉捻技术良好，条索松紧适中，有重实感少锋苗。

粗实：原料较老，已无嫩感，多为三四叶制成，但揉捻充足尚能卷紧，条索粗大，稍感轻飘(身骨轻)。

粗松：原料粗老，叶质老硬，不易卷紧，条空散，孔隙大，表面粗糙，身骨轻飘，或称"粗老"。

壮结：条索壮大而紧结。

壮实：条索卷紧饱满而结实。

心芽：尚未发育开展成茎叶的嫩尖，一般绒毛多而成白色。

显毫：芽叶上的白色绒毛称"白毫"，芽尖多而绒毛浓密者称"显毫"；毫有金黄、银白、灰白等色。

身骨：叶质老嫩，叶肉厚薄，茶的质地轻重。一般芽叶嫩，叶肉厚，茶身重的为身骨好。

重实：条索或颗粒紧结，以手权衡有沉重感。

匀整：茶叶形状、大小、粗细、长短、轻重相近。

脱档：茶叶拼配不当，形状粗细不整。

团块、圆块、圆头：指茶叶结成块状或圆块，因揉捻后解块不完全所致。

短碎：条形短碎，面松散，缺乏整齐均匀之感。

露筋：叶柄及叶脉因揉捻不当，叶肉脱落，露出木质部。

黄头：粗老叶经揉捻成块状，色泽黄者。

碎片：茶叶破碎后形成的轻薄片。

末：茶叶被压粹后形成的粉末。

块片：由单片粗老叶揉成的粗松、轻飘的块状物。

单片：未揉捻成形的粗老单片叶子。

红梗：茶梗红。

破口：茶叶精制切断不当，茶条两端的断口粗糙而不光滑。

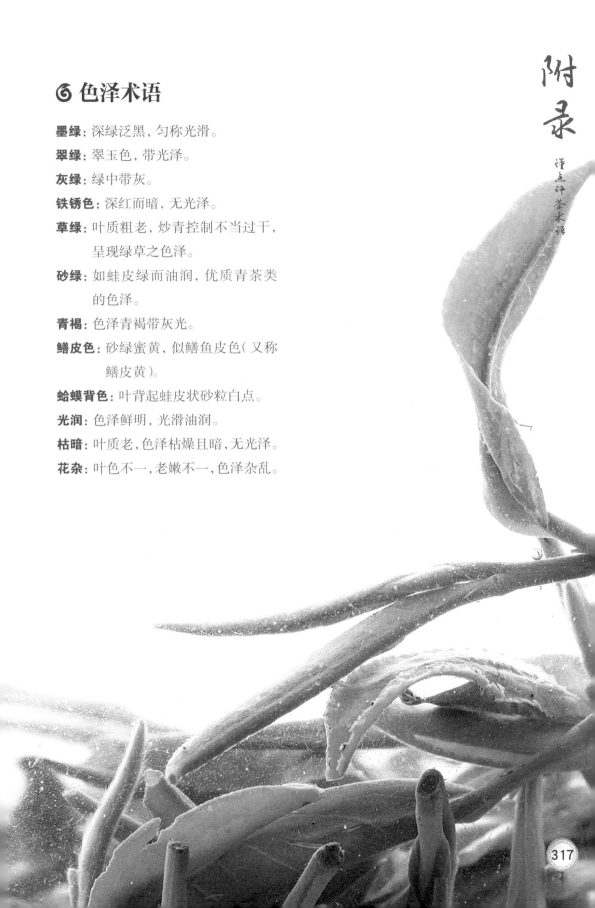

⑥ 色泽术语

墨绿：深绿泛黑，匀称光滑。

翠绿：翠玉色，带光泽。

灰绿：绿中带灰。

铁锈色：深红而暗，无光泽。

草绿：叶质粗老，炒青控制不当过干，
　　　　呈现绿草之色泽。

砂绿：如蛙皮绿而油润，优质青茶类
　　　　的色泽。

青褐：色泽青褐带灰光。

鳝皮色：砂绿蜜黄，似鳝鱼皮色（又称
　　　　　鳝皮黄）。

蛤蟆背色：叶背起蛙皮状砂粒白点。

光润：色泽鲜明，光滑油润。

枯暗：叶质老，色泽枯燥且暗，无光泽。

花杂：叶色不一，老嫩不一，色泽杂乱。

🌀 香气术语

清香：香气清雅不杂。

幽雅：香气文秀，类似淡雅花香。

醇和(纯正)：香气正常,纯洁但不高扬。

蔬菜香：类似蔬菜(空心菜)经沸水煮后的香气(常用于绿茶)。

甜香(蜜糖香)：带类似蜂蜜、糖浆或龙眼干的香气。

炒米香：类似爆米花的香气,为茶叶轻度烘焙或焙炒的香气。

米香：茶叶经适度烘焙而产生的焙火香。

高火：干燥温度或烘焙温度太高,尚未烧焦而带焦糖味。

火(焦)味：炒青、干燥或烘焙控制不当致茶叶烧焦带火焦味。

青味：似青草或青叶的气味(茶叶炒青不足或发酵不足,均会带青味)。

闷(熟)味：似青菜经焖煮的气味(俗称"猪菜味")。

浊气：茶叶夹有其他气味,有沉浊不清之感。

杂(异)味：非茶叶应有的气味。

🌀 汤色术语

艳绿：水色翠绿微黄,清澈鲜艳,亮丽显油光,为质优绿茶的汤色。

绿黄：绿中显黄的汤色。

黄绿(蜜绿)：黄中带绿的汤色。

浅黄：汤色黄而淡,亦称浅黄色。

金黄：汤色以黄为主稍带橙黄色,清澈亮丽,犹如黄金之色泽。

橙黄：汤色黄中带微红,似成熟甜橙之色泽。

橙红：汤色深黄偏红色。

红汤：烘焙过度或陈茶的汤色,呈浅红或暗红。

凝乳：茶汤冷却后出现浅褐色或橙色乳状的浑汤现象(品质好、滋味浓烈的红茶常有此现象)。

明亮：水色清,显油光。

浑浊：汤色不清,沉淀物多或悬浮物多。

昏暗：汤色不明亮,但无悬浮物。

⑥ 滋味术语

浓烈：滋味强劲，刺激性，收敛性强。

鲜爽：鲜活爽口。

甜爽：有甜的感觉而爽口。

甘滑：带甘味而滑润。

醇厚：滋味甘醇浓稠。

醇和：滋味甘醇，欠浓稠。

平淡（淡薄）：滋味正常，但清淡，浓稠感不足。

粗淡：滋味淡薄，粗糙不滑。

粗涩：涩味强，粗糙不滑。

青涩：涩味强，带青草味。

苦涩：滋味虽浓，但苦涩味强劲，茶汤入口有麻木感。

水味：茶叶受潮或干燥度不足，滋味软弱无力。

⑥ 叶底术语

细嫩：叶质细嫩柔软，叶色鲜艳明亮。

柔软：叶质柔软如棉。

匀齐：大小、老嫩、色泽一致。

嫩匀：叶质细嫩，匀齐柔软，色泽调和。

肥厚：芽头肥壮、叶质丰满厚实。

肥嫩：芽头肥壮，叶质厚实。

开展：叶张展开，叶质柔软。

摊张：叶质粗老的单片叶。

瘦薄：芽头瘦小，叶张单薄。

粗老：叶质粗大而硬，叶脉隆起。

破碎：叶底断碎而不完整。

花杂：叶底色泽不一致。

焦叶：烧焦发黑的叶片。

嫩绿：叶质细嫩，色泽浅绿明亮。

嫩黄：色浅绿透亮，黄里泛白，亮度好。

红亮：红而明亮，欠鲜艳。

花青：带有青色或青色斑块的叶片。

红褐：褐中泛红。

青绿：叶底为墨绿色。

红梗：绿茶叶底的梗变红。

红叶：绿茶叶底的叶片变红。

图书在版编目（CIP）数据

茶道：从喝茶到懂茶 / 王建荣主编 . — 南京：江苏凤凰科学技术
出版社，2015.06（2024.02 重印）
（汉竹•健康爱家系列）
ISBN 978-7-5537-4284-7

Ⅰ.①茶… Ⅱ.①王… Ⅲ.①茶叶 – 文化 – 中国 Ⅳ.① TS971

中国版本图书馆 CIP 数据核字（2015）第 054535 号

凤凰汉竹

中国健康生活图书实力品牌

茶道：从喝茶到懂茶

主　　　编	王建荣	
编　　著	汉　竹	
责 任 编 辑	刘玉锋　姚　远　阮瑞雪	
责 任 校 对	仲　敏	
责 任 监 制	刘文洋	

出 版 发 行　江苏凤凰科学技术出版社
出版社地址　南京市湖南路 1 号 A 楼，邮编：210009
出版社网址　http://www.pspress.cn
印　　　刷　南京新世纪联盟印务有限公司

开　　　本　720 mm×1000 mm　1/16
印　　　张　20
字　　　数　400 000
版　　　次　2015 年 6 月第 1 版
印　　　次　2024 年 2 月第 38 次印刷

标 准 书 号　ISBN 978-7-5537-4284-7
定　　　价　48.00 元

图书如有印装质量问题，可向我社印务部调换。